AF523816

STRATEGIE IN ZEITEN RADIKALER UNSICHERHEIT

DIE WIEDERENTDECKUNG VON CLAUSEWITZ

SYSTEM

AUF

MARTIN
KORNBERGER

MURMANN

BRUCH

Vor vielen Jahren starb ein armer Mann im fernen Orient. Er hatte drei Söhne und hinterließ ihnen 17 Kamele. In seinem Testament verfügte er, wie sie aufgeteilt werden sollten. Der älteste Sohn solle die Hälfte der Kamele, der zweitälteste ein Drittel und der Jüngste solle ein Neuntel der Kamele erhalten. Die Söhne saßen am Lagerfeuer und beratschlagten sich, wie sie den Willen des Vaters umsetzen sollten. Sie sahen keinen Weg, 17 Kamele in eine Hälfte, ein Drittel und ein Neuntel zu teilen. Da kam ein weiser Mann auf einem Kamel des Weges und setzte sich zu ihnen ans Lagerfeuer. Der Weise hörte sich ihr Problem an und machte folgenden Vorschlag: »Ich gebe Euch mein Kamel, dann habt ihr 18.« Die drei Brüder schauten sich an und verstanden nicht. Der alte Mann fuhr fort: »Nun bekommt der Älteste von Euch neun, der Zweitälteste sechs und der Jüngste zwei Kamele.« Nach dieser Aufteilung blieb ein Kamel übrig, auf dem der Weise fortritt.

Geschichte des 18. Kamels,
Ursprung ungewiss

EINLEITUNG

Systemabsturz

Kein Manager, kein Politiker, kein Unternehmer kann es sich leisten, keinen Plan oder, noch schlimmer, keine Strategie zu haben. Ohne Plan lässt sich kein Führungsanspruch begründen und ohne Strategie kann sich keine Entscheidung legitimieren. In unserer zukunftsorientierten Gesellschaft ist Strategie das Nadelöhr, durch das alle, die entscheiden, hindurch müssen, wollen sie ihren Vorstellungen Ausdruck und ihrem Willen Nachdruck verleihen. Diese Omnipräsenz von Strategie und ihr Herrschaftsanspruch in der Gegenwart, abgeleitet aus der Deutungshoheit über die Zukunft, stellen die Frage nach der Effektivität von Strategie. Hierbei öffnet sich ein breiter Graben zwischen Wunsch und Wirklichkeit. Wie der Strategieforscher Richard Rumelt lamentiert, ist »gute Strategie« die seltene Ausnahme.[1] Und Richard Whittington, Strategieprofessor in Oxford, fragt nicht ohne Ironie, warum man die Geheimnisse erfolgreicher Strategie für ein paar Euro in Buchform kaufen kann, während doch in der Praxis täglich Strategien kläglich scheitern.[2] Man nehme nur die folgenden Beispiele als Illustration für das Scheitern von strategischer Vernunft.

Erstens: Afghanistan. Nach 20 Jahren Krieg, Hunderttausenden an (zivilen) Opfern und über 2000 Milliarden Dollar an Ausgaben[3] hat sich am Status quo wenig geändert, geschweige denn verbessert. Diese traurige Bilanz ist aber keineswegs das Resultat eines Mangels an Strategie – vielmehr ist sie die Ausgeburt eines Überschusses an Strategie. Rory Stewart hat in seinem provokanten Aufsatz zum Thema Intervention in Afghanistan penibel aufgelistet, wie jeder neue General, jede neue politische Führungspersönlichkeit, die sich mit Afghanistan über die Jahre hin befasste, eine neue Strategie verkündete.[4] Mit Schaufeln, nicht Schwertern, wurde der Kampf um die Herzen der Bevölkerung geführt. Nation Building war das Gebot der Stunde, Thinktanks wie RAND, Beratungsunternehmen und globale NGOs schlugen Institutionen aus der Retorte vor, die sich vor Ort installieren lassen sollten. Immer mehr Ressourcen, immer neuere Technologien wurden eingesetzt, um Rechtsstaatlichkeit, Good Governance und kritische Infrastrukturen zu etablieren. Und trotz dieses gewaltigen, zwei Dekaden andauernden Kraftakts, für den jeden Tag 300 Millionen Dollar nach Afghanistan gepumpt wurden[5], zerschellte eine Strategie nach der anderen an den schroffen Felsen der afghanischen Realität.

Die entscheidenden knappen Ressourcen waren keineswegs militärischer, noch waren sie finanzieller Natur. Woran es am Ende mangelte, war klares, strategisches Denken. Wie Rory Stewart schreibt: »at the heart of the tragedy was an obsession with universal plans and extensive resources, which stymied the modest but meaningful progress that could have been achieved with far fewer troops and at a lower cost«.[6] Der Plan, Nation Building nach einer Blaupause zu organisieren, war im Ansatz verfehlt. Und als das Scheitern der Strategie nicht mehr zu ignorieren war, wurde die gesamte Operation verworfen und das Land seinem Schicksal überlassen. Naive, grandiose Pläne schlagen in Realitätsverweigerung und Solipsismus um.

Zweitens: Covid. Anfang 2020 wurden so gut wie alle Länder von dem neuen Virus und seiner rasanten Ausbreitung überrascht.

Das Vereinigte Königreich wurde regelrecht überrumpelt. Erst als der Anfang März 2020 immer noch demonstrativ händeschüttelnde Prime Minister wenig später auf der Intensivstation landete, wurde der Ernst der Lage erkannt. Ein harter, aber zu spät einsetzender Lockdown resultierte in einem starken Wirtschaftseinbruch bei gleichzeitig enorm hoher Sterberate. Der Sommer 2020 brachte eine Verschnaufpause – und Zeit, den Herbst strategisch anzugehen. Milliardenverträge an über 70 verschiedene Beratungsunternehmen (mit Beratertagessätzen von teils über 6000 Pfund) sollten helfen, den an und für sich nicht besonders strategischen Virus auszumanövrieren.[7] Unter der Leitung einer erfahrenen Managerin wurde ein Test-and-Trace-Budget von 37 Milliarden Pfund auf zwei Jahre bewilligt. Ziel war es, weitere Lockdowns zu vermeiden sowie die Bevölkerung bestmöglich zu schützen. Doch das Resultat der COVID-Strategie war katastrophal. Eine parlamentarische Untersuchungskommission stellte fest, dass »despite the unimaginable resources thrown at this project Test and Trace cannot point to a measurable difference to the progress of the pandemic, and the promise on which this huge expense was justified – avoiding another lockdown – has been broken, twice«.[8]

Ein (vorläufiger) Kumulationspunkt des Strategieversagens findet sich im COVID-Winterplan 2020/2021 der Johnson-Regierung.[9] Diese Strategie sollte helfen, die ominöse R-Zahl unter 1 zu halten, um die Ausbreitung des Virus zu kontrollieren. Ein Ampelsystem sollte Einschränkungen lokal dosierbar machen. An Weihnachten war vom Prime Minister ein einseitiger Waffenstillstand verkündet worden, der soziale Beschränkungen über die Feiertage aufzuheben versprach. Nun kam freilich alles anders: Die zweite Welle überrollte die Insel, ein monatelanger, harter Lockdown folgte und Weihnachten wurde am Abend des 18. Dezember von Boris Johnson kurzerhand abgesagt. Was hier geschah, war Strategieversagen par excellence. Ein berechenbarer Virus, der sich gleichbleibend stur verhält und als solcher keinen besonders ernst zu nehmenden strategischen Gegner darstellt, hebelt die vereinten Kräfte und scheinbar endlosen Ressourcen des Vereinigten Königreichs aus. Oder wie es Anthony Costello, Professor of Global Health and Sustainable Development am University College London, schon zu Beginn der Pandemie in einem Interview mit der *Financial Times* ausdrückte: »We've been running this epidemic like Robert McNamara, the US defence secretary in the Vietnam war, who collected vast quantities of data to assess the war's progress. We should have been more like the other side, fighting a guerrilla war against the virus.«[10] Wiederum waren die entscheidenden knappen Ressourcen nicht finanzieller Natur und auch an strategischer Beratung haperte es nicht. Woran es am Ende mangelte, waren wirkungsvolles Denken und Handeln, die das Attribut strategisch verdienen würden.

Drittens: das mannigfache Scheitern unternehmerischer Strategien. Wie schon erwähnt, sind die Geheimnisse des strategischen Managements für ein paar Euro online zu haben. Und trotzdem scheitern die meisten Organisationen mit oder an ihren Strategien, siehe den rasanten Aufstieg und noch rasanteren Absturz von BlackBerry.[11] Die zwei kanadischen Gründer Mike Lazaridis und Jim Balsillie setzten mit ihrer Firma Research in Motion (RIM) schon Anfang der 1990er-Jahre auf mobile Kommunikation.

Als sie in ihrem Start-up in der verschlafenen Kleinstadt Waterloo in der Provinz Ontario BlackBerry entwickeln, machen sie vieles richtig. »Success lies in paradox«, schreibt Lazaridis: »We must maximize adoption by minimizing complexity.«[12] Der resultierende Fokus auf E-Mail-Kommunikation macht das Gerät elegant und benutzerfreundlich. Dem Keyboard geben sie eine besondere Form und einen Touch, der die einzigartige User Experience unterstreicht. Der Name BlackBerry setzt sich gegen die in der Tech-Branche üblichen Bezeichnungen (und gegen Fokusgruppen) durch und avanciert zum Branchenliebling. Marketing und Verkauf werden wortwörtlich auf den Kopf gestellt: CEOs werden mit BlackBerries ausgestattet, die sie schnell danach süchtig machen, jederzeit und überall im Loop zu sein (daher der bald aufkommende Spitzname »CrackBerry«). Allerdings funktioniert der Loop nur, wenn auch ihre Untergebenen BlackBerries benutzen und mit ihren Chefs jederzeit und überall kommunizieren können. Damit wird BlackBerry das »first IT product ever sold from the top down, pushed by senior management onto their IT organizations«.[13]

Der Erfolg gibt der Firma recht: Reviews nennen BlackBerry das »close to perfect pocket Email«, »ground-breaking, genre-killing, trend-setting«. BlackBerry wird neben Nike, Ben & Jerry's und anderen zur Kultmarke. Oprah Winfrey verrät ihrem Millionenpublikum live im Fernsehen: »I love this so much. I cannot live without this. It's with me everywhere I go. It's called a BlackBerry. It's literally changed my life.« Die beiden Gründer werden, nebst Steve Jobs und anderen Gurus, in die Liste der besten CEOs aufgenommen und als »underappreciated northern lights« gefeiert.[14] Der MENS Club (so das Kürzel für die Mitbewerber Motorola, Erickson, Nokia und Siemens) hinkt BlackBerrys Innovationen hoffnungslos hinterher. Der Aktienkurs spiegelt den Erfolg in ungeheuren Wachstumszahlen wider: War eine Aktie im Sommer 2002 1,77 US-Dollar wert, so stieg der Kurs sechs Jahre später auf 131 Dollar. Das Fazit der Unternehmensbiografen Jacquie McNish und Sean Silcoff:

> »*In fourteen short years Lazaridis and Balsillie had steered RIM from the obscurity of a small Ontario city to claim the title as the new kings of technology with an inventive smartphone that was a must-have status symbol for professionals. Through a mix of innovation and brazen tactics the duo had outsmarted bigger competitors and skated around wolfish carriers.*«[15]

Auf dem Höhepunkt des Erfolgs 2008 ist Apple mit dem ersten iPhone erst sechs Monate am Markt und Google beginnt (nach missglückten Experimenten mit einem eigenen Mobilgerät) zögerlich, Android als Open Source Software anzubieten. Gleichzeitig ziehen jedoch erste dunkle Wolken am Horizont auf. Kunden finden das iPhone unwiderstehlich – trotz fehlendem Keyboard, schlechter Akkulaufzeit und stetigen Netzwerkproblemen. RIM ist sich der Herausforderung bewusst und reagiert strategisch, schmiedet Pläne. Das Unternehmen kauft Start-ups, die neue Technologien einbringen, und heuert erfahrene Manager an, wie etwa den Harvard-MBA und McKinsey-Berater Jim Tobin, »the first guy to come in and talk vision and strategy«.[16] Ein ehemaliger Marketing Manager von Coca-Cola wird damit betraut, BlackBerry als Lifestyle Brand zu positionieren. Beratungsunternehmen halten in die bis dato sehr beratungsresistenten Chefetagen Einzug und verfassen detaillierte Pläne. Das BlackBerry PlayBook wird als Gegenstück zum iPad entwickelt und soll neue Wachstumsmärkte erschließen. Aber was auch immer BlackBerry unternimmt, kann die Talfahrt nicht aufhalten. So verläuft die im letzten Moment verordnete »strategische Chemotherapie« schmerzvoll und doch ergebnislos.[17]

Die Geschichte BlackBerrys ist die Parabel einer Unternehmung, die, am Zenit angekommen, auf große Pläne setzt, Strategien entwickelt – und mit und an ihnen scheitert. Mit wenig Strategie, wenigen Topmanagern und wenig Geld schaffte es RIM an die Spitze. Mit viel Strategie, vielen Topmanagern und viel Geld stürzte RIM ab. Aber nicht, weil sie Strategie ignorierten, sondern weil sie sie praktizierten, stürzte die Firma ab. Ironie der Geschichte ist, dass Lazaridis ein großer Anhänger des Harvard-Strategie-Gurus Clayton Christensen war, der in seinem Buch *Innovator's Dilemma* eindrücklich beschrieb, wie Unternehmen, die sich ans Lehrbuch halten, unweigerlich scheitern. Lazaridis verwendete das Prinzip des von Christensen propagierten Prinzips des *Innovator's Dilemma* als Blueprint für RIMs Zukunft.[18] Und hier versagte der strategische Plan, obwohl er – die Möglichkeit seines Scheiterns antizipierend – besonders strategisch vorging.

Diagnose

Warum versagt Strategie, trotz ungeheurem Ressourceneinsatz, trotz geballter Beraterexpertise, trotz politischer Priorisierung? Mit diesem Buch möchte ich folgende Antwort vorschlagen: Strategie scheitert nicht etwa, weil wir sie nicht gut genug formulieren oder sie nur halbherzig implementieren. Strategie scheitert, weil wir sie von Anfang an falsch denken und falsch umsetzen. Der Fehler liegt darin, dass wir glauben, wir könnten ein zukünftiges Ziel definieren und dann all jene Schritte vorausschauend planen, die zu dessen Erreichung notwendig sind. Dabei schaffen wir uns im Kopf ein vereinfachtes, vereinfachendes Modell der Wirklichkeit, in dem sich Ursachen und Wirkungen fein säuberlich trennen lassen. Wir definieren einen erwünschten Soll-Zustand und identifizieren dann diejenigen Faktoren (*key success factors* im Management Speak), die zum Ziel führen. Daraus leitet sich die Strategie ab, definiert als Plan, der Ziele festsetzt und Schritte zu deren Implementierung vorgibt.

Doch sobald die so geplante Strategie auf die Wirklichkeit trifft, tritt ein, was das Modell außen vor lässt. Es sind die Umstände, das, was wortwörtlich umhersteht, die der Strategie einen Strich durch die Rechnung machen. All das, was das Modell ausblendet, spielt eine mal kleinere, mal größere Rolle, wirkt auf die geplante Strategie ein, zwingt zu Anpassungen, Auslassungen und manchmal kompletten U-Turns. Im Fachjargon des Strategen ist es die Implementierung, die Umsetzung, der die Probleme geschuldet sind. Man scheitert nicht im Strategieworkshop und noch seltener am Papier oder dessen Präsentation. Scheitern tritt auf, wenn das zweidimensionale Modell den Wiedereintritt in die Realität versucht. Das Ziel weicht in die Ferne zurück, die Umsetzungsschritte führen in die Irre. Warum? Weil strategisches Denken in linearen Kausalketten auf eine nicht lineare, vernetzte, rekursive Wirklichkeit trifft, in der kleinste Abweichungen größte Auswirkungen haben.

Illustriert an den genannten Beispielen: Hinter dem Namen Afghanistan verbirgt sich eine so komplexe Realität, ein so weit verzweigtes, tief verästeltes Netzwerk an Beziehungen zwischen Menschen und Stämmen, Worten und Geschichte(n), Traditionen und Erwartungen, dass der *Beginner's Guide to Nation-Building* aus der RAND Corporation nicht greifen, nicht eingreifen kann.[19] Dasselbe lässt sich in Bezug auf das COVID-Beispiel zeigen: Der Virus ist ein fataler Netzwerker, der sich nicht nur die sozialen Beziehungen zwischen Menschen zunutze macht, sondern seine letale Wirkung in Rückkoppelung mit anderen Krankheiten (Diabetes etc.), sozioökonomischen Strukturen, baulichen Gegebenheiten und allzu menschlichen Gewohnheiten entfaltet.[20] Und jede Organisation ist wie BlackBerry ein reflexives, selbstbezügliches System, das im Wettbewerb mit anderen Firmen die Eindimensionalität des Plans transzendiert. Pikanterweise haben selbst das Wissen um das Dilemma des erfolgreichen Unternehmens (Christensens *Innovator's Dilemma*) und die Erkenntnis, dass Erfolg paradox ist, BlackBerry nicht vor dem Absturz bewahren können. Von wegen Gefahr erkannt, Gefahr gebannt: Es waren die großen Pläne, die, am Zenit verfasst, den Untergang einläuteten.

Die Beispiele verweisen auf das zentrale Denkmuster, das dem Strategieversagen zugrunde liegt: Der Stratege spielt eine Partie Schach gegen einen identifizierbaren Gegner, auf einem Brett mit bekannten Größen, vorab definierten Fähigkeiten, kalkulierbaren Interessen und einem klaren Ziel. Aber längst ist die Welt nicht mehr wie ein Schachbrett, sondern vielmehr wie ein Netzwerk organisiert.[21] Strategie, wie sie vor allem in Wirtschaftshochschulen gelehrt wird, ist ein Sammelsurium von Modellen, mittels derer schachbrettartig angelegte Interventionen gelingen sollen. In der Tat lässt sich die kurze Geschichte der Managementstrategie als fortgesetzte Suche nach dem archimedischen Punkt (dem Modell) verstehen, mit dem wir die Welt aus den Angeln heben wollen. Das Scheitern eines Modells führt jedoch nicht zur Kritik an der Idee des Modells an sich, sondern im Gegenteil zur hektischen Erforschung eines neueren, besseren Modells. Die Suche nach dem archimedischen Punkt wird nicht aufgegeben.

Auftritt Clausewitz

Eine Strategie nach Clausewitz beginnt mit dem Ende dieser Suche nach dem archimedischen Punkt. Wohlweislich heißt das nicht, resignierend festzustellen, dass die Welt ein unentwirrbarer gordischer Knoten und zukunftsorientiertes Handeln ohnehin vergeblich ist. Vielmehr möchte ich der Illusion des archimedischen Punkts und der Frustration des gordischen Knotens einen reduzierten, radikal entschlackten Strategiebegriff entgegenstellen. Für dieses Unterfangen steht Clausewitz Pate.

Nietzsches Diktum, wonach manche Autoren posthum geboren werden, trifft wohl auf niemanden besser zu als auf Carl von Clausewitz. Sein unvollendetes Hauptwerk *Vom Kriege* wurde nach seinem Tod (1831) von seiner Frau zwischen 1832 und 1837 herausgegeben. Es ist ein Sammelsurium unabgeschlossener – manche würden sagen: unabschließbarer – Gedankengänge zur Frage, wie, nein: ob Strategie überhaupt möglich ist. Die Radikalität der Frage ist der Historie geschuldet, in die sich Clausewitz geworfen fand. Sein Denken ist von Napoleons disruptiver Kriegsführung überschattet. Dessen Maxime, wonach ein guter Soldat ein marschierender Soldat sei, bringt die Dynamik und das Ethos der neuen Art der Kriegsführung auf den Punkt. Clausewitz, geschult in der alten statischen Kriegskunst, steht Napoleon mehrmals chancenlos auf dem Schlachtfeld gegenüber. Erschüttert schreibt er in einem Brief an den Philosophen Fichte, er habe »alle die hergebrachten militärischen Meinungen und Formen, unter denen ich groß geworden bin, nun in dem schnellen Strom der Ereignisse in ihren morschen Fugen [...] zusammenbrechen sehen«.[22] Der Formalismus der militärischen Strategielehre mit seiner geometrischen Kriegsführung, der bis Ende des 18. Jahrhunderts vorherrschte, wird nebst halb Europa von Napoleons Heer zerstört.[23]

Clausewitz zieht sich zurück, wird 1818 zum Direktor der Allgemeinen Kriegsschule in Berlin berufen, allerdings ohne Erteilung der Lehrerlaubnis, sodass er von nun an Zeit hat, sich mit all seiner Erfahrung auf die eine kritische Frage zu konzentrieren: Gesetzt, dass eine »systematische Kriegsführung«, die aus vorab geplanten Zügen besteht, zum Scheitern verurteilt ist, wie lässt sich Krieg trotzdem strategisch denken? Wie kann strategisches Denken im »schnellen Strom der Ereignisse«, der alles mit sich reißt, einen Ausgangspunkt, einen Anhaltspunkt, einen Endpunkt finden? Wenn der »Nebel des Krieges« kein vorausplanendes Handeln oder, wie Clausewitz sagt, »keine Algebra des Handelns« erlaubt, wie kann Strategie dann überhaupt eine Orientierung im Denken und eine Haltung im Handeln vermitteln? Oder philosophischer, mit Clausewitz' Zeitgenossen Immanuel Kant, gewendet: Was ist die Bedingung der Möglichkeit von Strategie in einer Zeit geprägt von radikaler Unsicherheit?

In seinen verbleibenden Jahren versucht Clausewitz, diesem Fragenkomplex eine Antwort abzuringen. Das posthum herausgegebene Werk *Vom Kriege* bleibt jedoch Fragment, zersplittert in Gedanken, die verschiedenste Ideen verfolgen, um vergeblich, geschlagen oder als Deserteure im Hunderte Seiten langen Manuskript immer wieder aufzutauchen. Trotzdem gilt *Vom Kriege* dem führenden Militärhistoriker Hew Strachan und vielen anderen als »the most important book on strategy ever written«.[24] Warum? Weil Clausewitz der Wegbereiter eines Strategiebegriffs ist, der Strategie *und* radikale Unsicherheit zusammenbringt. Sein Buch ist ein Suchen nach Wegen, Agilität *und* Zielgerichtetheit, Dezentralisierung *und* Orientierung, individuelle Autonomie *und* kollektives Handeln miteinander zu verbinden. Die Prämisse meines Arguments ist, dass die Tür zur Zukunft nach innen aufgeht: Wer durchgehen will, muss zuerst einen Schritt zurücktreten. Strategie nach Clausewitz setzt weder auf einen neuen (und damit doch wiederum alten) archimedischen Punkt, noch bleibt sie in den Wirren des gordischen Knotens hängen. Vielmehr schlägt sie eine Denkfigur vor, die Orientierung im Denken und Haltung im Handeln unter radikaler Unsicherheit erlaubt.

Wohlgemerkt geht es dabei nicht darum, den Krieg zum Maß gesellschaftlicher Realitäten zu machen. Ganz im Gegenteil – Krieg ist Grenzerfahrung, wie Michael Walzer in seinem Buch *Just and Unjust Wars* schreibt: »For war is the hardest place: if comprehensive and consistent moral judgments are possible there, they are possible everywhere.«[25] Clausewitz' Reflexionen sind dem Krieg als Extremsituation geschuldet. Was sich in den

Wirren des Kriegs als Strategie behauptet, so die These, muss auch in anderen gesellschaftlichen Bereichen bestehen können.

Aufbruch

Die Clausewitz'sche Kernidee, die im vorliegenden Buch ihre Renaissance feiert, lässt sich wie folgt skizzieren: Er arbeitet mit drei Elementen, die gemeinsam eine Brücke bilden.[26] Strategie, als zentrales Element der Brücke, ist definiert als der Gebrauch des Gefechts für den Zweck des Krieges. Wichtig ist hier zunächst, zu wissen, was Strategie nicht ist: Sie ist weder Zweck (der in den Bereich der Politik fällt), noch ist sie Instruktion für Kampfhandlungen (die Sache des konkreten soldatischen Handelns sind und unter Taktik fallen). Das eigentliche Aufgabenfeld der Strategie ist in enger Definition der *Gebrauch*, das heißt: die Interpretation, der Effekt, das Schaffen von Bedeutung von Kampfhandlungen, die der Stratege in die Waagschale wirft, um den politischen Zweck des Krieges zu erreichen. Strategie ist kein Plan, den man schreiben, keine Rolle, die man spielen könnte. Vielmehr ist sie der Versuch, Handlungen einen Effekt zu geben, der über die lokale Situation hinauszielt und auf den politischen Zweck des Krieges einzahlt. Handeln ist und bleibt taktisch: Der Schuss, der fällt, die Kanone, die feuert, können niemals strategisch an sich sein, da sie nur auf einen lokalen Gegner treffen, eine begrenzte Situation betreffen. Die Kunst strategischen Handelns besteht darin, lokale Handlungen mit symbolischer Bedeutung aufzuladen, um damit einen bestimmten, sie transzendierenden Zweck zu erreichen.

Um es an einem militärischen Exempel und Clausewitz' Zeitgenossen Napoleon zu verdeutlichen: Die Schlacht (eigentlich: Kanonade) bei Valmy am 20. September 1792 war militärisch gesehen nicht von sonderlicher Bedeutung. Preußische und französische Truppen lieferten sich ein Scharmützel, das weder einen Gewinner noch einen Verlierer hervorbrachte. Und doch soll Goethe am Abend der Schlacht ausgerufen haben: »Von hier und heute geht eine neue Epoche der Weltgeschichte aus.« Warum diese strategische Bedeutung der Kanonade? Dazu die Militärhistorikerin Margaret MacMillan:

> *»The French soldiers did not behave like those in other armies; they sang revolutionary songs in the middle of battle, took unnecessary risks and did not seem to know when they were beaten. […] Valmy is important for its symbolism: the defeat of the old-style eighteen-century professional army by a new citizens' one, whose members were motivated not by fear of their officers but by passionate love for their cause.«*[27]

Valmy wurde ein Symbol, Mythos der Geburtsstunde der revolutionären napoleonischen Volksarmee. Strategisch waren nicht die eisernen Kanonenkugeln, die hin und her flogen, auch nicht der Ausgang der Schlacht, die keinen Gewinner kannte. Strategisch allein war der Gebrauch, sprich: die Aufladung von Valmy mit Bedeutung und Sinn, die den Zweck Napoleons untermauerten. Dass nämlich seine Volksarmee, obzwar weniger gut gedrillt und diszipliniert als die professionelle Armee des Gegners, durchaus eine Macht darstellte, mit der von nun an zu rechnen war. Oder anders herum: Die strategische Bedeutung der Schlacht lag nicht in ihrem (unentschiedenen) Ausgang, sondern in ihrem Sinn, der sich aus der Interpretation des Geschehens ableitete und eben nicht aus den Kanonenschüssen. Die Schlacht wurde Symbol, sie stand für etwas anderes, Größeres, sie deutete auf einen nicht militärischen, politischen Zweck hin. Und genau darum schrieb Goethe der Kanonade zu, »eine neue Epoche der Weltgeschichte« einzuläuten. Das heißt in schlichten Worten: Eine heldenhafte Niederlage kann in einen strategischen Erfolg münden, so wie ein militärischer Sieg auch zur Niederlage werden kann.

Beispiele zuhauf, allein die lange wie traurige Liste strategischen Versagens bei taktischem Erfolg, wie etwa Napoleons spätere Feldzüge, die militärisch erfolgreich waren und doch politisch nirgendwohin führten. Für das 20. Jahrhundert stellte der Ökonom, Nobelpreisträger und Sicherheitsberater Thomas Schelling provokant fest, dass die Bomben, die die USA auf Vietnam abwarfen, mehr Schaden im eigenen als im angegriffenen Land anrichteten. Ähnlich argumentieren Militärhistoriker, dass der erfolgreiche Angriff auf Pearl Harbour der Anfang von Japans Niederlage war.[28] In der Tat gibt es eine seit Ende des Zweiten Weltkrieges stetig wachsende Zahl an Beispielen, die zeigen, dass Siegen und Gewinnen nicht ein und dasselbe sind. Vietnam, Afghanistan, Irak, Syrien, nochmals Afghanistan – in all diesen Konflikten korrelierten Sieg auf dem Schlachtfeld und Gewinn des Krieges wenig beziehungsweise gar nicht miteinander. Wenn Strategie aber nichts anderes wäre als die Verbindung von Siegen, um schlussendlich den Krieg zu gewinnen, dann wäre ein solches Auseinanderfallen nicht möglich. Und doch beobachten wir, dass der, der gewinnt, nicht selten verliert, dass Macht Ohnmacht erzeugt, der Vorteil zum Nachteil wird, dass David gegen Goliath gewinnt. Warum? Weil sich etwas zwischen Handlung und Zweck schiebt, ein »Etwas«, das Handlung auf Zwecke hin aufladen, ausdeuten muss. Dieses »Etwas« ist die Strategie selbst, die Brücke zwischen Tat und Wort, der Sinn, der Handlungen mit Zwecken verbindet.

Folgt man also Clausewitz, gibt es keine strategischen Waffen, keinen strategischen Plan, keine strategische Führung, kein strategisches Personalmanagement, kein strategisches Marketing. Strategie ist vielmehr zurechtgestutzt auf das Bezeugen, manchmal auch das Erzeugen von Effekten, die lokale Handlungen auf globale Zwecke hin entfalten – der Gebrauch des Gefechts für den Zweck des Krieges. Darin liegt im Übrigen die furchtbare strategische Macht des Terrorismus, der über soziale Medien lokale Handlungen autonomer Zellen auf übergeordnete, wenn auch noch so üble Zwecke zu beziehen weiß. Terrorismus versteht sich auf die Maximierung des Effekts letaler, lokaler Handlungen mittels der mediatisierten Welt der Bilder. Strategisch ist hierbei der teuflisch wirksame Bezug von Handlungen auf Ideologie. Oder anders herum: Strategie steckt weder in der Tat (dem terroristischen Akt als Verbrechen) noch im Wort (dem Irrglauben der Hassprediger), sondern im Verhältnis der beiden zueinander.

In der friedlicheren Welt der Wirtschaft sind Beispiele für gelungene Strategie als Brücke eher die Ausnahme als die Regel, wie eben Apple, das sich mit einer Reihe taktischer Produktentwicklungen wie iPod, iPad und iPhone strategisch weiterentwickelt hat. Was Steve Jobs verstanden hatte, war das Muster, nach dem sich

Neuerungen technologischer Natur aus dem Workshop in Diskussionen um Zweck und Identität im Boardroom übersetzen lassen. Jobs war ein brillanter Stratege – aber eben nicht, weil er den archimedischen Punkt gefunden oder ausführliche strategische Pläne geschrieben hätte; sondern weil er wusste, wie taktischer Erfolg für die langfristige Entwicklung des Unternehmenszwecks verwendet werden kann.

Abstrahiert könnte man mit dem Gründer von Panasonic Konosuke Matsushita sagen: »Big things and little things are my job. Middle level arrangements can be delegated.« Und mit Henry Mintzberg könnte ergänzt werden: Man konstruiert das *Big Picture* aus kleinen und kleinsten Details – wie beim Malen entsteht das Bild durch einen Pinselstrich nach dem anderen.[29] Der gute Maler weiß, dass sich ein geglücktes Bild aus dem Effekt, dem Zusammenspiel von Farben und Formen ergibt. Die gute Strategin weiß, dass sich eine geglückte Zukunft aus Handlungen ergibt, die in ihrem Zusammenspiel auf einen Nordstern hin ausgerichtet sind. Das Muster ist also nicht: Ziel – Plan – Implementierung, sondern: Nordstern als Zweck – dezentrales, lokales und agiles Handeln – Strategie als Brücke, die sicherstellt, dass Handeln auf den Zweck hin einzahlt und dass der Nordstern Haltung und Orientierung für lokales Handeln vermittelt.

Diese Denkfigur vereint gemeinsame Ausrichtung (Nordstern) mit maximaler lokaler Agilität und Flexibilität. Darin liegt ihr Zauber: Sie organisiert dezentrales *und* kollektives Handeln – etwas, das normalerweise Trade-offs zwischen bottom up versus top down, Agilität versus Kontrolle, Zielorientierung versus Lernfähigkeit oder Plan versus Emergenz geopfert wird.[30] Strategie nach Clausewitz umgeht diese Trade-offs und setzt ihnen ein neues Strategieverständnis entgegen.

Darin liegt auch der fundamentale epistemische Unterschied zwischen Büchern zur Militärstrategie auf der einen und Theorien der Unternehmensstrategie auf der anderen Seite.[31] In der Militärstrategie werden selbst Schlachten wie die der Römer gegen Hannibals Truppen bei Cannae (216 v. Chr.) im Detail studiert; freilich hat sich seither fast alles geändert, nur eben nicht das Denken der Strategie als der Gebrauch der Schlacht für den Zweck des Krieges.

Ganz anders die Unternehmensstrategie, die sich immer um die neuesten Modelle dreht, mit dem Versprechen, dass sie das Geheimnis des Erfolgs in sich tragen. Unternehmensstrategie versucht, den archimedischen Punkt zu definieren, ein Modell zu destillieren, von dem aus sich die Welt und die Konkurrenz aus den Angeln heben ließe. Militärstrategie weiß um die Naivität dieses Versprechens (allein dadurch, dass der Feind dasselbe Buch liest, würde sich die Wahrheit des Modells in Unwahrheit verwandeln). Und Clausewitz'sche Militärstrategie ersetzt das Muster mit der Denkfigur von Nordstern und Taktik, verbunden durch die strategische Brücke.

Nordstern, Taktik

Die strategische Brücke (um im Bilde zu bleiben) ist auf beiden Seiten verankert. Auf der einen Seite findet sich der Zweck oder der Nordstern, der Orientierung im Denken und Haltung im Handeln vermittelt. Egal, wo man sich konkret befindet, hilft der Nordstern bei Richtungsentscheidungen, ohne jedoch die spezifische Besonderheit der jeweiligen Situation vorwegzunehmen: Ob ich den Sumpf umgehen oder den Fluss durchschwimmen will, der Nordstern bietet Orientierung, aber keine Anweisung für lokales Handeln. Der Nordstern ist minimale kollektive Ausrichtung bei maximaler individueller Flexibilität. Ebenso wichtig ist, dass der Nordstern niemals mit einem Ziel verwechselt werden will: Obwohl man sich nach ihm ausrichtet, will ihn in der Regel niemand erreichen. Er ist (in einem Unwort ausgedrückt) unimplementierbar – und doch ist er motivbildend und handlungsanleitend.

Den Nordstern am Firmament setzt nicht der Stratege: Wie bei Clausewitz gilt auch hier der Primat der Politik, verstanden als Suche nach und als Sich-Verständigen auf intelligente, erstrebenswerte Zwecke. Dies scheint umso wichtiger, als in Wirtschaft und Gesellschaft viel um Mittel, aber wenig über Zwecke (oder auf Neudeutsch: *purpose*) nachgedacht wird. Genannt sei nur die Shareholder-Value-Orientierung in Unternehmen, vor der schon Peter Drucker warnte, denn finanzieller Erfolg ist immer eine Konsequenz, aber niemals der eigentliche Zweck wirtschaftlichen Handelns. Oder noch mal COVID: Im schon zitierten Winterplan definierte der britische Premier eine R-Zahl unter 1 als

Ziel. Diese Zahl funktioniert als Orientierung etwa so, als würde man sagen, dass der Blutalkoholspiegel aller deutschen Autofahrer, die zu einem gegebenen Zeitpunkt unterwegs sind, im Schnitt nicht über 0,05 Promille liegen darf. Der Winterplan blieb abstrakt, vermittelte weder Haltung noch Orientierung für individuelles Handeln.

Auf der anderen Seite der Welt fixierte die Premierministerin von Neuseeland einen hell leuchtenden Nordstern am Firmament: Zero COVID. Damit gab es eine klare Sichtverbindung *(line of sight)* zwischen Ziel und individuellem Handeln, das sie so formulierte: *Verhalte dich so, als hättest du COVID*. Damit ist nicht gesagt, die ganze Welt hätte Neuseeland kopieren sollen (allein schon darum nicht, weil nach den Impferfolgen von 2021 selbst Neuseeland nicht mehr Neuseeland sein wollte). Was man jedoch von Jacinda Ardern lernen kann, ist, wie wichtig ein hell leuchtender, weithin sichtbarer Nordstern und die Sichtverbindung hinein in den Alltag der Menschen ist, damit kollektives Handeln auf einen gemeinsamen Zweck hin ausgerichtet werden kann.

Auf der anderen Seite der Brücke betreten wir den Raum der Taktik. Taktik umfasst lokales, flexibles, autonomes Handeln, das sich auf das Spezifikum der jeweiligen Situation einlässt. Die Taktik und ihr besser sozialisierter Zwilling, der Takt, sind Modi des Handelns und Entscheidens, welche auf Überraschendes, Unvorhergesehenes und Ungewöhnliches reagieren. Für Clausewitz war Takt, was den guten vom schlechten Feldherrn unterscheidet. Takt ist die Fähigkeit, gegebene Situationen schnell zu lesen und sein Handeln anzupassen. Gutes Benehmen folgt Regeln, der Anstand Normen. Takt aber ist immer situativ und lebt vom raschen Hin- und Herschalten zwischen dem »Herausfühlen« (Clausewitz) des Besonderen der Situation und dem eigenen Handeln. Takt braucht das Zusammenspiel von Fingerspitzengefühl und intuitivem Verstehen, von Handeln und Denken, Eindruck und Ausdruck.

Demnach liegt der Fokus der Taktik auf der Kunst des Handelns – einer Kunst, die der Stratege, mit seinem Faible für großes Planen, verlernt hat und oft nach unten delegiert. Für Clausewitz war aber klar, dass auf dem Schlachtfeld kein noch so guter Plan zum Sieg führen kann. Nur die Initiative autonomer Akteure kann flexibel und agil auf das sich ständig ändernde Umfeld reagieren. Der vermeintliche Unterling der Strategie wird mit Clausewitz zum eigentlichen Taktgeber der Strategie:

> *»Da sich [in der Schlacht] alle diese Dinge meistens nur nach Voraussetzungen bestimmen lassen, die nicht alle zutreffen, eine Menge anderer, mehr ins einzelne gehender Bestimmungen sich aber gar nicht vorher geben lassen, so folgt von selbst, dass die Strategie mit ins Feld ziehen muss, um das Einzelne an Ort und Stelle anzuordnen und für das Ganze die Modifikationen zu treffen, die unaufhörlich erforderlich werden. Sie kann also ihre Hand in keinem Augenblick von dem Werke abziehen.«*[32]

Die Strategie braucht die Taktik, denn Taktik ist der Rohstoff, aus dem Strategie ihre Effekte erzielen kann. Oder wie Colin Gray sagt: »Strategy is ›done‹ by tactics, tactics is ›done‹ by fighting.«[33] Daher

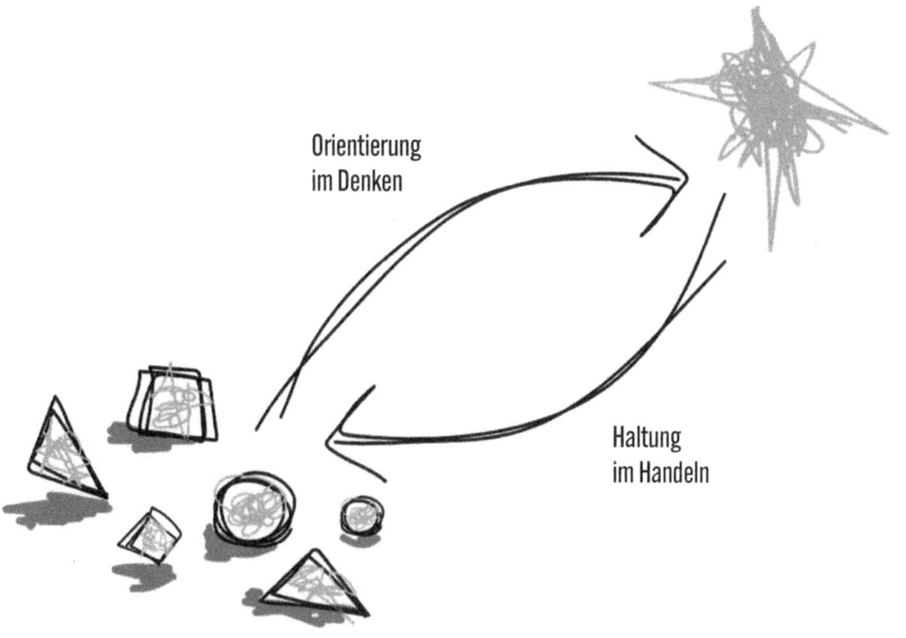

Strategie als Brücke: Dezentrale, agile und kollektive Handlungen werden auf einen Nordstern hin ausgerichtet, der lokal Orientierung im Denken und Haltung im Handeln vermittelt. Strategie ist die Kunst, produktive Feedback Loops zwischen Zweck *(purpose)* und lokalen Handlungen herzustellen.

besteht Clausewitz darauf, dass Strategie nicht »exekutiert« oder »implementiert« werden kann; vielmehr »nähert« sich die Strategie der Taktik so weit, »um von ihr das rollende Werk in Empfang zu nehmen«. Das bedeutet umgekehrt eine Aufwertung der Kunst des Handelns, ein Lob der Taktik: Am Anfang war eben nicht das Wort, sondern die Tat.

Mit Ideen experimentieren

Methodisch orientiert sich das Projekt einer Strategie nach Clausewitz an Mary Parker Follett, der unerhörten Mutter des modernen Managements.[34] In ihren Vorträgen in den 1920er-Jahren entwickelte sie ein spannendes Gedankenexperiment. Wenn man in einem Zug durch ein Land reist, sieht man unzählige Objekte am Fenster vorbeigleiten: Seen, Flüsse, Berge, Wiesen, Straßen, Siedlungen, Tiere, Menschen, vieles mehr. Doch wenn wir am Ziel unserer Reise angekommen sind, dann haben wir nicht viele einzelne Objekte im Kopf, sondern eine Landschaft vor Augen. Wir haben nur Tiere, Flüsse, Berge etc. wahrgenommen und doch haben wir die Landschaft (*countryside*, wie Follett sagt) gesehen.

Für Follett liegt in dieser Fähigkeit, Dinge miteinander zu verknüpfen und Objekte in Erfahrungen zu überführen, das wichtigste Kapital des Managements. Im Management, und vor allem in der Strategie, verknüpfen wir ununterbrochen Ursachen und Wirkungen miteinander: Ressourcen werden auf Ziele hin ausgerichtet, Produkte auf Bedürfnisse, Marken auf Märkte, Innovationen auf die Zukunft etc. Darin liegt die Kunst der Strategie als Brücke, als Verbindung: Menschen, Dinge, Ereignisse mit Zwecken in Beziehung zu setzen und sicherzustellen, dass sie sich gegenseitig positiv beeinflussen. Gegen die weitläufige Meinung, Strategie bestehe aus Modellen (der Reduktion der Wirklichkeit auf einige wenige Kräfte), stelle ich mit Follett die Gegenthese auf, wonach Strategie mit Herstellen von Kontext und Beziehungen zu tun hat.

Um neue Ideen in Bezug auf Strategie zu entwickeln, müssen wir jedoch mutiger sein, als nur alte durch neue Modelle zu ersetzen. Wir müssen *mit Gedanken experimentieren*, wie Lichtenberg 1795 in einem Aphorismus in einem seiner *Sudelbücher* vorschlug:

> »*Wie viel Ideen schweben nicht zerstreut in meinem Kopf, wovon manches Paar, wenn sie zusammen kämen, die größte Entdeckung bewirken könnte. Aber sie liegen so getrennt, wie der Golarische Schwefel vom Ostindischen Salpeter und dem Staube in den Kohlenmeilern auf dem Eichsfelde, welche zusammen Schießpulver machen würden. Wie lange haben nicht die Ingredienzen des Schießpulvers existiert vor dem Schießpulver! Ein natürliches aqua regis gibt es nicht. Wenn wir beim Nachdenken uns den natürlichen Fügungen der Verstandesformen und der Vernunft überlassen, so kleben die Begriffe oft zu sehr an andern, daß sie sich nicht mit denen vereinigen können, denen sie eigentlich zugehören. Wenn es doch da etwas gäbe, wie in der Chemie Auflösung, wo die einzelnen Teile leicht suspendiert schwimmen und daher jedem Zuge folgen können. Da aber dieses nicht angeht, so muß man die Dinge vorsätzlich zusammen bringen. Man muß mit Ideen experimentieren.*«[35]

Lichtenbergs Proposition ist mein Programm: nicht nach neuen Modellen für Strategie zu suchen, sondern Strategie selbst anders zu denken; mit Ideen zu experimentieren, alte Elemente (die man vielleicht schon Dutzende Male aus dem Zugfenster gesehen hat) in neue Beziehungen zueinander zu setzen. Anstatt sie als Suche nach dem archimedischen Punkt zu verstehen, wird Strategie zur Clausewitz'schen Brücke, die maximale Autonomie, Flexibilität und Agilität mit Zielgerichtetheit und kollektivem Handeln verbindet. Sie ist das Maximum an Strategie in Zeiten radikaler Unsicherheit.

Gedankengänge

Damit widmet sich dieses Buch der Suche nach einem Strategieverständnis, das der Komplexität rekursiver, vernetzter Umwelten gerecht wird. Der Leitfaden, an dem entlang die Gedankengänge einer Strategie nach Clausewitz verfolgt werden, entwickelt sich anhand von Auseinandersetzungen und Konflikten, die historisch die Arena für Strategie bildeten. Dabei geht es wie schon erwähnt keinesfalls darum, Krieg zum Vorbild strategischen Handelns zu machen. Vielmehr ist der Krieg äußerster Horizont strategischer Vernunft – der Wahnsinn der menschlichen Welt, an dem die menschliche Fähigkeit, zukunftsgerichtet zu denken, zerbricht. Krieg ist Extremfall und Labor, der die Grenzen strategischen Handelns aufzeigt.

Womit wir bei Clausewitz und seinem unvollendeten Werk wären. Das folgende Kapitel skizziert seinen Ansatz und konzentriert sich auf seine Kritik an der herkömmlichen strategischen

Vernunft, die sich der Suche nach dem archimedischen Punkt verschreibt. Das zweite Kapitel stellt einen alternativen Strategiebegriff vor: Strategie als Brücke, die den Effekt von Handlungen auf Zwecke hin herstellt. Kapitel drei und vier erkunden die beiden Ufer, die die strategische Brücke verbindet: auf der einen Seite der Nordstern, der Orientierung im Denken und Haltung im Handeln vermittelt; auf der anderen Seite Taktik, die sich mit der Kunst dezentralisierten, agilen und lokalen Handelns auseinandersetzt. Das letzte Kapitel stellt drei konkrete Strategeme (oder Kunstgriffe) vor, die nicht Antworten suggerieren, sondern bessere Fragen sondieren. Sie stellen also keinerlei Handlungsanweisungen dar, sondern fungieren – wie Hannah Arendt es nannte – als »Geländer im Denken«, mittels dessen sich die immer offene Zukunft ein Stück weit erschließen lässt. Das ist freilich weniger als das, was Strategie als Modell und Schlüssel zur Zukunft verspricht. Und doch ist es mehr, wird Strategie so zu einem Denkwerkzeug für einen notwendigen Systemaufbruch in eine offene Zukunft.

AUF DER SUCHE NACH DEM VERLORENEN ARCHIMEDISCHEN PUNKT: KRITIK DER STRATEGISCHEN VERNUNFT

01

Strategie vor Clausewitz

Clausewitz war zunächst und zuerst der Praxis verpflichtet. In seiner Vorrede zu *Vom Kriege* schreibt er:

> *»denn so wie manche Pflanzen nur Früchte tragen, wenn sie nicht zu hoch in den Stengel schießen, so müssen in praktischen Künsten die theoretischen Blätter und Blumen nicht zu hoch getrieben, sondern der Erfahrung, ihrem eigentümlichen Boden, nahegehalten werden«.*[36]

Clausewitz' Zeit war nur allzu reich an Erfahrungen: Seine Reflexionen nährten sich aus dem Boden der Napoleonischen Kriege (1792–1815), die eine radikale Neugestaltung des Kriegswesens mit sich brachten. Vor Napoleon, bis tief hinein ins 18. Jahrhundert, war die Kriegsführung – und damit Strategie – eine relativ statische Angelegenheit.[37] Zu Beginn des Jahrhunderts etwa entwarfen die beiden Generäle Sébastien Le Prestre de Vauban und Menno van Coehoorn Befestigungen, die einer streng geometrischen Ordnung entsprachen. Die Leitidee gab vor, dass ein Gefecht klaren Gesetzmäßigkeiten folgen solle. Erfolgreiche Kriegsführung basierte auf der Befolgung dieser Gesetze. Die beiden Strategen Jacques-François de Chastenet de Puységur und Lancelot Théodore Turpin de Crissé übertrugen die geometrische Ordnung von Befestigungsanlagen auf die Armee. Der deutsche Militärtheoretiker Freiherr Heinrich Dietrich von Bülow legte in seinem *Geist des neueren Kriegssystems* (1799) ein auf Zahlen basierendes System vor, in dem sich Krieg nach festgelegten Proportionen, Zeiträumen und Abläufen entwickeln sollte.

Dementsprechend bestand Strategie aus der Befolgung der Regeln und Modelle, die dieses »Kriegssystem« ausmachten. Verteidigungslinien wurden geometrisch gezogen, wobei mehr auf Symmetrie und rechte Winkel als auf das Terrain geachtet wurde. Soldaten auf dem Schlachtfeld wurden wie Schachfiguren angeordnet. Die Suche nach Ordnung wurde nirgendwo sichtbarer als in der Armee des Preußenkönigs Friedrich II. Der Drill machte den Soldaten zu einem Automaten, der eingeübte Handlungsabläufe abspulte. Das Ideal der Armee war das der Maschine, die mit Effizienz und Präzision auf ihr vorgegebenes Ziel zusteuert. Die Organisation war dabei entscheidend, dem Strategen kam die Rolle des Dirigenten zu, der die Maschinerie anleitet. Diese statische Kriegsführung versuchte, dem Chaos auf dem Schlachtfeld vorab eine Ordnung, eine Choreografie überzustülpen. Aufgabe des Strategen war, jene Gesetzmäßigkeiten zu finden, wenn notwendig zu erfinden, die über Sieg und Niederlage entscheiden würden.

Napoleonische Disruption

Der Boden, auf dem Clausewitz seine Erfahrungen sammelte, erschütterte die Idee einer auf Geometrie basierenden, methodischen Kriegsführung. Die Napoleonischen Kriege brachen in jeder Hinsicht mit vorherigen Kriegen. Sie waren nicht mehr »Kriege von Königen«, sondern »Kriege von Völkern«, in denen enorme Ressourcen in die Schlacht geworfen wurden.[38] Die Völkerschlacht von Leipzig (1813), in der sich mehr als 600 000 Soldaten gegenüberstanden, warf vollkommen neue militärische, logistische und humanitäre Probleme auf. Zusätzlich war es eine neue Dynamik, die das althergebrachte Kriegswesen zur Makulatur machte. Ein guter Soldat ist nicht ein kämpfender, sondern ein marschierender Soldat, so Napoleons Diktum. Die Geschwindigkeit der Kriegsführung brachte ein sich ständig veränderndes Bild mit sich. Napoleon wusste die neue Unübersichtlichkeit nicht nur zu nutzen, sondern aktiv zu erzeugen. Überraschung, Geschwindigkeit, Agilität und Risiko lösten die Idee der modellgeleiteten Kriegsführung ab. Die Geometrie der Befestigungsanlagen, die Choreografie der Armee auf dem Schlachtfeld wurde von einem »mitwirkenden Raum« überlagert und hinweggerissen, wie Clausewitz schreibt:

> *»Der Führer im Kriege aber muß das Werk seiner Tätigkeit einem mitwirkenden Raume übergeben, den seine Augen nicht überblicken, den der regste Eifer nicht immer erforschen kann, und mit dem er bei dem beständigen Wechsel auch selten in eigentliche Bekanntschaft kommt.«*[39]

Während Napoleons *Grande Armée* Europa in einen chaotischen »mitwirkenden Raum« verwandelt, wird auch der geordnete Raum des strategischen Wissens hinweggefegt. Methodische Kriegsführung, geometrische Befestigungen, maschinenhafte Armeen, quantifizierbare Gesetzmäßigkeiten – all dies wird von Napoleons Kanonen in Stücke geschossen. In seinem (schon zitierten) Brief an den Philosophen Fichte zieht Clausewitz die Bilanz der Zerstörung und gesteht, dass »die hergebrachten militärischen Meinungen und Formen«, mit denen er aufwuchs, keine Gültigkeit mehr hatten. Clausewitz' Weltbild, in dessen Mitte sein Strategieverständnis, implodiert unter dem Druck der Ereignisse.

200 Jahre nach Clausewitz' Erfahrung der radikalen Disruption finden wir uns in einer erschreckend ähnlichen Situation. Wir suchen vergeblich nach einer auf Gesetzmäßigkeiten beruhenden Strategie, die in der Wirtschaft, der Gesellschaft oder der Politik funktionieren würde. Wir suchen nach Modellen, die die Zukunft vorhersehbarer machen könnten. Wir suchen nach Blaupausen, die das Planen ermöglichen sollten. Mittels Strategie wollen wir Kontingenz und Unsicherheit in Eindeutigkeit überführen. Aber wie Clausewitz damals sehen wir heute unser hergebrachtes Weltbild »im schnellen Strom der Ereignisse« in seinen »morschen Fugen zusammenbrechen«. Man denke hierbei nur an die verschiedenen Krisen (Kreditkrise, schleichende Klimakrise, COVID etc.) und die Versuche, einen Plan zu deren Bekämpfung aufzustellen. Oder die Wellen von Disruption, die privaten Unternehmen und öffentlichen Administrationen zusetzen und auf die mit beraterinduzierten Strategiepapieren meist vergeblich reagiert wird. Clausewitz war sich der Unmöglichkeit solcher Strategien bewusst. Kein Modell, kein System kann der Komplexität des Geschehens gerecht werden. Die lineare Kaskade Ziel – Plan – Implementierung – Kontrolle wird durch die Rekursivität der Welt lahmgelegt. Die strategische Vernunft auf der Suche nach dem archimedischen Punkt verirrt sich im Clausewitz'schen Nebel, der die Ereignisse in sich verhüllt. Anstatt in einer solchen Situation aufzugeben, setzt sich Clausewitz an den Schreibtisch und sucht nach den Gründen des Scheiterns. Und einem Ausweg aus Napoleons Herrschaft.

Pathologie der Strategielehre

Gleich zu Beginn verabschiedet sich Clausewitz von der Idee einer geometrischen, mathematisch-wissenschaftlichen Kriegsführung, wie sie von Bülow vorschwebte:

> *»Wir sehen also, wie von Hause aus das Absolute, das sogenannte Mathematische, in den Berechnungen der Kriegskunst nirgends einen festen Grund findet, und daß gleich von vornherein ein Spiel von Möglichkeiten, Wahrscheinlichkeiten, Glück und Unglück hineinkommt, welches in allen großen und kleinen Fäden seines Gewebes fortläuft und von allen Zweigen des menschlichen Tuns den Krieg dem Kartenspiel am nächsten stellt.«*[40]

In einem solchen Spiel gibt es keine logischen, vorab bestimmbaren Züge, die zum Sieg führen könnten. »Strenge logische Folgerung« muss sich im »Nebel des Krieges« verirren, verlieren, sie wird »ein sehr unbehilfliches, unbequemes Instrument des Kopfes«, notiert Clausewitz.[41] Vielmehr trägt ein jeder Versuch, der Sache mittels berechnender Vernunft Herr zu werden, zum Scheitern bei. Clausewitz identifiziert hier drei Gründe, die sich zu einer veritablen Kritik der strategischen Vernunft verdichten.

Zum einem, so stellt er »über die Natur des Krieges« fest, sei er »das Gebiet der Ungewißheit«: »drei Vierteile derjenigen Dinge, worauf das Handeln im Kriege gebaut wird, liegen im Nebel einer mehr oder weniger großen Ungewißheit«. Krieg verstehen, ihn denken, ist für Clausewitz ein Paradox. Zu einem Gefecht zum Beispiel entwickelt man Pläne, Ideen zum Ablauf, vielleicht auch ein oder zwei Alternativen. Nun trudeln aber im Verlauf des Gefechts mehr und mehr Informationen ein, manche wahr, einige falsch, die meisten vage, mehrdeutig, inkonsistent, mit dem Effekt: »Die Kenntnis der Umstände hat sich in uns vermehrt, aber die Ungewißheit ist dadurch nicht verringert, sondern gesteigert«, so Clausewitz.

Ein bekanntes Bild unserer COVID-geplagten Zeit: Wir haben immer mehr Zahlen, Daten, Fakten zur Verfügung und doch entgleitet uns die Situation. Mehr punktuelle Information schafft mehr mögliche Verbindungen und unterschiedliche Narrative, die in sich widersprechenden Handlungsoptionen münden. Paralyse durch Analyse. Daraus folgt, dass der Ruf nach mehr Informationen nicht notwendigerweise zur Lösung beiträgt, sondern sogar zur Vertiefung des Problems führt. Die lineare Abfolge Ziel – Plan – Implementierung verläuft sich im Nebel der unfassbaren Umstände und unabsehbaren Ereignisse.

Dann beschäftigt Clausewitz sich mit Friktion. Wenn das Kriegsgeschehen vom Nebel der Ungewissheit umhüllt wird, so trifft das auch auf die eigene Armee zu. Im Gegensatz zum Bild des Schachbrett-Soldaten, der Befehle ausführt, entdeckt er die ungeheure Komplexität eines zusammengesetzten Apparates, wie die Armee nun eben einmal einer ist. In *Die wichtigsten Grundsätze des Kriegführens, zur Ergänzung meines Unterrichts bei Sr. Königlichen Hoheit dem Kronprinzen* erläutert Clausewitz:

»Das Kriegführen selbst ist sehr schwer, das leidet keinen Zweifel; allein die Schwierigkeit liegt nicht darin, daß besondere Gelehrsamkeit oder großes Genie erfordert würde, die wahren Grundsätze des Kriegführens einzusehen; dies vermag jeder gut organisierte Kopf, der ohne Vorurteil und mit der Sache nicht durchaus unbekannt ist. Sogar die Anwendung dieser Grundsätze auf der Karte und dem Papier hat keine Schwierigkeit, und einen guten Operationsplan entworfen zu haben, ist noch kein großes Meisterstück. Die ganze Schwierigkeit besteht darin: den Grundsätzen, welche man sich gemacht hat, in der Ausführung treu zu bleiben. [...] Das ganze Kriegführen gleicht der Wirkung einer zusammengesetzten Maschine mit ungeheurer Friktion, so daß Kombinationen, die man mit Leichtigkeit auf dem Papier entwirft, sich nur mit großen Anstrengungen ausführen lassen.«

Friktion im Kleinen, Reibung im Kleinsten, oft Unsichtbaren ist es, was das Planen und Organisieren so schwer macht, stöhnt er im Weiteren:

»Oft irrt man sich in dem Marsche einer Kolonne um viele Stunden, ohne daß man sagen könnte, woran der Aufenthalt gelegen; oft treten Hindernisse ein, die sich nicht vorher berechnen ließen; oft denkt man, mit der Armee bis zu einem Punkte zu kommen, und muß mehrere Stunden vorher haltmachen; oft leistet ein Posten, den wir ausgestellt, viel weniger, als wir erwarten konnten, ein feindlicher hingegen viel mehr; oft reichen die Kräfte einer Provinz nicht so weit, als wir glaubten, etc.«

Der Teufel steckt im Detail, so Clausewitz. Was anfänglich überschaubar scheint, wird übersehen, um sich dann als Sandkorn im Getriebe festzusetzen. Und eben weil die ganze Armee zusammengesetzter Natur ist – oder eben weil sie eine Organisation von unterschiedlichen Elementen ist –, ist die Friktion zwischen den einzelnen Teilen unabwendbar. Friktion ist die zweite Natur der Organisation, das, was ihre Realität ausmacht und sie vom reinen Planspiel unterscheidet:

> *»Friktion ist der einzige Begriff, welcher dem ziemlich allgemein entspricht, was den wirklichen Krieg von dem auf dem Papier unterscheidet. Die militärische Maschine, die Armee und alles, was dazu gehört, ist im Grunde sehr einfach und scheint deswegen leicht zu handhaben. Aber man bedenke, daß kein Teil davon aus einem Stücke ist, daß alles aus Individuen zusammengesetzt ist, deren jedes seine eigene Friktion nach allen Seiten hin behält. Theoretisch klingt es ganz gut: der Chef des Bataillons ist verantwortlich für die Ausführung des gegebenen Befehls, und da das Bataillon durch die Disziplin zu einem Stück zusammengeleimt ist, der Chef aber ein Mann von anerkanntem Eifer sein muß, so dreht sich der Balken um einen eisernen Zapfen mit wenig Friktion. So aber ist es in der Wirklichkeit nicht, und alles, was die Vorstellung Übertriebenes und Unwahres hat, zeigt sich im Kriege auf der Stelle. Das Bataillon bleibt immer aus einer Anzahl Menschen zusammengesetzt, von denen, wenn der Zufall es will, der unbedeutendste imstande ist, einen Aufenthalt oder sonst eine Unregelmäßigkeit zu bewirken. Die Gefahren, welche der Krieg mit sich bringt, die körperlichen Anstrengungen, die er fordert, steigern das Übel so sehr, daß sie als die beträchtlichsten Ursachen*

> *desselben angesehen werden müssen. Diese entsetzliche Friktion, die sich nicht wie in der Mechanik auf wenig Punkte konzentrieren läßt, ist deswegen überall im Kontakt mit dem Zufall und bringt dann Erscheinungen hervor, die sich gar nicht berechnen lassen, eben weil sie zum großen Teil dem Zufall angehören.«*[42]

Die Hierarchie, die Uniformen, die Übungen, der Drill – all diese vorab geplanten Muster und Abläufe erzeugen einen falschen Eindruck von Kontrolle und Handlungsfähigkeit. Es ist wie Gehen im Wasser, sagt Clausewitz: Was am Lande, bei Lichte betrachtet, einfach aussieht, stellt sich in Wirklichkeit als äußerst schwierig heraus. Es sind die kleinen Dinge, die kleinsten Hindernisse, die Friktion erzeugen und die ganze Maschine zu einem Halt zwingen und, schlimmer noch, gelegentlich zum Bersten bringen.

Zum Dritten ist es für Clausewitz die reaktive Natur des Krieges, die ihn strategisch unberechenbar macht. Im Krieg spielen eine Unzahl von Faktoren eine Rolle. Einige sind quantifizierbar wie die Anzahl der Kanonen, Truppen, Distanzen etc. Die entscheidenden hingegen sind immateriell, wie etwa die Moral der Soldaten oder das »Genie« (zeitgemäßer: die Urteilskraft) des Feldherrn. Nun beziehen sich diese Elemente rekursiv aufeinander und beeinflussen sich gegenseitig. Eine kleine, aber motivierte Streitkraft kann einer größeren Armee durchaus widerstehen, wenn sie auf ihrer Seite hat, was Clausewitz »Moral« nennt. Dies wiederum mag den größeren Feind, der nicht mit Widerstand rechnete, aus dem Konzept bringen und in Panik versetzen. Kurzum, es sind eine Unmenge an psychologischen, sozialen, kulturellen, politischen, moralischen und anderen

Kräften am Werk, die sich nicht kalkulieren lassen. Diese Kräfte existieren nun aber nicht in Isolation voneinander, sondern wirken aufeinander ein. Clausewitz beschreibt dies als die »lebendige Reaktion« oder die »Wechselwirkung« der kriegerischen Auseinandersetzung. Diese Rekursivität unterminiert die kalkulierende Vernunft. Krieg könnte man dann, und nur dann, ausrechnen, wenn:

> *»1. der Krieg ein ganz isolierter Akt wäre, der urplötzlich entstünde und nicht mit dem früheren Staatsleben zusammenhinge,*
> *2. wenn er aus einer einzigen oder aus einer Reihe gleichzeitiger Entscheidungen bestünde,*
> *3. wenn er eine in sich vollendete Entscheidung enthielte und nicht der politische Zustand, welcher ihm folgen wird, durch den Kalkül schon auf ihn zurückwirkte.«*[43]

Dies ist nun allerdings keineswegs der Fall: Krieg ist ein interaktives Geschehen, in dem die Handlungen und Absichten einer Partei auf die Handlungen und Absichten der anderen Partei einwirken. Ein imaginierter Endzustand wirkt auf die Gegenwart zurück. Aufgabe oder Widerstand hängt von Einschätzungen über zukünftigen Erfolg oder Misserfolg ab, wobei hier die Zukunft in einer umgekehrten Kausalität auf die Gegenwart zurückwirkt. Ebenso paradox entwickeln sich Entscheidungen in der Gegenwart, deren Qualität von Entscheidungen der anderen Partei abhängen. Eine gute Verbindungsstraße zwischen zwei Orten beispielsweise kann zu einer schlechten Straße werden, wenn der Gegner ihre Nutzung vorhersieht; in diesem Fall ist die schlechtere Straße die bessere, weil sie unbemerkt befahren werden kann.

Eineinhalb Jahrhunderte später wird Edward Luttwak dieses Paradox zum Prinzip der Strategie erheben: Strategie ist Widerspruch zwischen Machbarem und Wünschbarem, zwischen Erwartung und Einschätzung der Erwartung durch den anderen.[44] Die kritische Konsequenz davon ist: Eben weil Krieg ein »Konflikt des Lebendigen« ist, in dem Kräfte aufeinander reagieren, entzieht er sich der Berechenbarkeit. Wie es beim Kinderspiel »Schere, Stein, Papier« keine optimale Strategie gibt (Papier gewinnt gegen Stein, Stein gewinnt gegen Schere, Schere gewinnt gegen Papier), weil eben die Lösung von der Entscheidung des Gegenüber abhängt, kann es auch in der Strategie kein vorab definiertes Optimum geben. In den Worten Keith Grints: »In effect you cannot construct a ›winning‹ strategy in isolation because its utility is dependent on the strategy deployed by your opposition.«[45] Freilich war es schon für Clausewitz klar, dass es »keine Algebra des Handelns« geben kann. Keine Gesetzmäßigkeiten können Handeln auf eine Formel oder ein Modell reduzieren. Hier treffen sich Clausewitz und Kant in ihrer Kritik: Kant schreibt, dass es keinen »Newton des Grashalms« geben könne: Selbst ein so einfaches lebendiges Ding wie ein Grashalm ist so vielen Einflüssen ausgesetzt, sodass sich seine Entwicklung nicht vorhersehen lässt. Nur unbelebte Materie beugt sich Gesetzen. Was lebt, widerstrebt. Ergo kann es auch keinen »Newton des Krieges« geben, der ihn wie eine mathematische Gleichung auflösen könnte.

Während er also mit seiner Armee Europa in Schutt und Asche legt, zerstört Napoleon auch jede Hoffnung auf die Möglichkeit einer vorhersehenden, planerischen Vernunft. Radikale Ungewissheit im Außen, allgegenwärtige Friktion im Inneren, das paradoxe Zusammenspiel von Aktion und Reaktion –diese drei kritischen Einwände verunmöglichen eine rationale Kriegsführung. Strategie als Plan, der auf Zukunft gerichtetes Handeln festlegt, muss angesichts dieser Ungewissheiten scheitern.

Aber Clausewitz kann es sich nicht leisten, bei einem solch ernüchternden Ergebnis stehen zu bleiben. Als Direktor der Kriegsschule, als Lehrer des Prinzen muss er Orientierungswissen zur Verfügung stellen. Die Algebra des Handelns hält den Zusammenstoß mit der Realität nicht aus – muss aber deswegen der Ausgang eines Krieges dem Glück und dem Zufall überlassen werden? In unsere Zeit übersetzt: Muss man nach dem Scheitern der Strategie als rationalem Plan jedwede Form des zukunftsorientierten Denkens aufgeben? Nur weil es keinen archimedischen Punkt gibt, heißt das, dass alles ein gordischer Knoten ist und wir nicht mehr tun können, als uns (auf gut Österreichisch gesagt) durchzuwursteln?

In dieser Frage liegt Clausewitz' Aktualität: Wie kann Strategie Orientierung im Denken und Haltung im Handeln vermitteln, ohne auf die allzu optimistische Idee einer berechenbaren Zukunft, einer ableitbaren Gesetzmäßigkeit zurückzugreifen? Was für ein strategisches Wissen kann es im Spannungsfeld zwischen dem Wunsch nach Orientierung in der Gegenwart und dem Wissen um die Unplanbarkeit der Zukunft geben?

Was Strategie (nicht) ist

Mit dieser Frage setzt sich Clausewitz mehr als zwei Dekaden auseinander, bevor er – sein Werk unvollendet – im November 1831 stirbt. Clausewitz beginnt mit einer recht analytischen Untergliederung der Umstände, die für den Strategen zu bedenken sind. Er denkt an moralische, physische, mathematische, geografische und statistische Elemente, die in die Strategie hineinspielen. Aber im selben Atemzug zerschlägt er jede Hoffnung auf eine daraus ableitbare elementare Strategielehre, die in einem rationalen System münden könnte:

> *»Wenn man aber die Strategie nach diesen Elementen abhandeln wollte, so wäre das der unglücklichste Gedanke, den man haben könnte, denn diese Elemente sind meistens in den einzelnen kriegerischen Akten vielfach und innig miteinander verbunden; man würde sich in der leblosesten Analyse verlieren, und wie in einem bösen Traum würde man ewig umsonst versuchen, von diesen abstrakten Grundlagen den Bogen zu den Erscheinungen der wirklichen Welt hinüber zu wölben. Der Himmel behüte einen jeden Theoretiker vor einem solchen Beginnen.«*[46]

Sich in einer leblosen Analyse verlieren, sich in einem bösen Traum verirren – so sieht Clausewitz das Resultat strategischer Arbeit, die sich analytisch auf Elemente und deren Zusammenspiel zu beziehen versucht. Ein aussichtsloses Unterfangen, der »Himmel behüte einen jeden Theoretiker vor einem solchen Beginnen«, warnt er. Er geht sogar einen Schritt weiter, wenn er schreibt, die Kriegskunst sei »weit mehr zu Hause bei den Völkern, die gar keine zu haben scheinen, als bei denen, die sich in Erfindungen darin erschöpften«. Damit treibt er die Kritik auf die Spitze: Die Formalisierung, das methodisch geleitete Nachdenken über die Zukunft – kurzum, eine in einem Plan artikulierte Strategie ist selbst ein Zeichen der Ermattung, der Ideenlosigkeit, der Zukunftslosigkeit. Eine solcherart gefertigte Strategie steht im Widerspruch zur eigentlichen Kriegskunst. Sie ist ein Indiz für die »Ausartung der Kriegskunst in kleinliches Handwerkswesen«, das den eigentlichen »Geist« des Krieges zerstört, so Clausewitz. Er sieht hier eine Tendenz der Kräfte des 18. Jahrhunderts am Werk, die »das Ganze zu einer künstlichen Maschine bilden wollen, worin die moralischen Kräfte den mechanischen untergeordnet werden, die ihre Wirkung durch die bloße Einrichtung äußern, die den Feind durch bloße Formen besiegen soll«. Diese Tendenz zur Formalisierung erstickt den »Unternehmungsgeist«, den der Stratege doch benötigt, will er sich im Nebel des Krieges orientieren.

Clausewitz gibt sich keiner Illusion hin: Es kann keine Theorie der Strategie geben, kein gültiges, gesichertes Wissen, das Erfolg garantieren könnte. Die Aufgabe der Theorie ist nicht, vorzuschreiben, was zu tun oder zu lassen sei, schreibt Clausewitz. Sie darf den General keineswegs in seinen Entscheidungen auf dem Schlachtfeld instruieren. Vielmehr soll Theorie

»den Geist des künftigen Führers im Kriege erziehen oder vielmehr ihn bei seiner Selbsterziehung leiten, nicht aber ihn auf das Schlachtfeld begleiten; so wie ein weiser Erzieher die Geistesentwicklung

eines Jünglings lenkt und erleichtert, ohne ihn darum das ganze Leben hindurch am Gängelbande zu führen«.[47]

Strategie bietet keine Handlungsanleitung. Das heißt aber nicht, dass methodisches Nachdenken über die Zukunft unnütz sei. Im Gegenteil, es vermag den Blick des Generals zu schärfen, seinen Verstand zu trainieren, Entscheidungsstärke und Urteilskraft durch Geschichte zu vertiefen. Kein archimedischer Punkt, kein Plan, kein Modell, stattdessen kollektive Zweckorientierung bei maximaler individueller Flexibilität und Agilität.

Nach Clausewitz ist vor Clausewitz

Das ist einerseits mehr und andererseits weniger, als die gegenwärtige Strategielehre anbietet, die vor allem in der Managementtheorie sprießt. Nehmen wir eine allgemein akzeptierte Definition von Strategie, wie sie einer der Doyens der Strategielehre, Alfred Chandler, vertrat. Unter Strategie sei die Bestimmung der fundamentalen, langfristigen Ziele einer Organisation sowie deren Vorgehensweisen und Allokation von Ressourcen, die die Zielerreichung ermöglichen, zu verstehen.[48] Diese Definition folgt der Logik von Ziel – Plan – Implementierung.

Chandlers Idee beruht erstens auf der Annahme, die zukünftigen Ziele seien im Hier und Jetzt dechiffrierbar und bestimmbar. Doch Ziele verwandeln sich im Laufe der Zeit. Ging es gestern um Profit und Shareholder Value, geht es heute um Nachhaltigkeit und Stakeholder Value. Während der Pandemie ging es um die Gesundheit aller, den Schutz der Schwachen, die Verhinderung der Überlastung des Krankenwesens (*Protect the NHS* lautete paradoxerweise die offizielle Devise in Großbritannien, also in etwa: *Beschützt die Krankenhausverbände*), die teilweise Unterstützung der Wirtschaft, Für und Wider von Herdenimmunität, Impfpflicht, Freiheitsrechte und staatliche Zwangsmaßnahmen, europäisches Konzert und nationalstaatliche Soli etc. Und in Afghanistan ging es um eine (zunächst rasche) Antwort auf 9/11, den Kampf gegen den Terrorismus, die Suche nach Osama bin Laden, erst das Zurückdrängen der Taliban, dann die Kooperation mit den Taliban, um Nation Building, dann weniger ambitiös um einen Waffenstillstand, dann um Rückzug, endlich um Evakuierung und Vermeidung eines drohenden Gesichtsverlusts. Fazit: Ziele machen höchstens mittelfristig und lokal Sinn. Zwecke (oder *purpose*) hingegen sind Nordsterne, die unerreichbar sind und doch Energien mobilisieren und Orientierung geben. Ziele sind Linien im Sand, Zwecke hingegen Sinngehalte, die richtungsweisend sind und zum Weitergehen anspornen.

Zweitens geht Chandler davon aus, dass sich aus den definierten Zielen ideale Vorgehensweisen ableiten ließen. Dem ist aber nicht so. Wege entstehen beim Gehen, weiß der Volksmund – eine Einsicht, aus der das *enfant terrible* der Strategielehre, Henry Mintzberg, eine beeindruckende Karriere machte. Sein Credo: Strategie ist emergent, entsteht aus Handlungen, die erst im Nachhinein ein Muster ergeben und als Strategie entzifferbar werden. Glück und Zufall sind wesentliche Souffleure des strategischen Narrativs, das wir zu schreiben glauben.

Noch einmal ein Beispiel aus der Politik: Wenn der vormalige US-Präsident Barack Obama in seiner Autobiografie über die

Festnahme und Tötung von Osama bin Laden schreibt, wird klar, wie viel symbolische Bedeutung diesem Akt zugemessen wurde. Aber es wird auch erschreckend klar, wie wenig Kontrolle er über das Geschehen, das ihm Entscheidungsstärke attribuierte, eigentlich hatte. Ein Windstoß, und die Black-Hawk-Helikopter wären bei der Landung außer Gefecht gesetzt worden, bin Laden wäre entkommen, Pakistan hätte sich massiv über den US-Angriff beschwert und antiamerikanisches Sentiment wäre (weiter) hochgekocht, die Stimmung vielleicht gekippt, Obama geschwächt etc.[49] Aber es kam bekanntlich anders: Die Operation war ein Erfolg, Obama ein starker Präsident.

Zudem sind Vorgehensweisen paradoxerweise immer von der Reaktion auf sie abhängig, die man nicht vorab einplanen kann. Wie schon erwähnt, ist eine gute Straße nur so lange eine gute Straße, bis der Feind sie nicht als wahrscheinliche Route identifiziert. Ansonsten wird die schlechte Route zur guten, es sei denn, der Feind denkt darüber nach, wie wir über sein Nachdenken nachdenken. Kurzum, Wege sind verschlungen, entstehen beim Gehen und ihre Brauchbarkeit ist davon abhängig, wie andere sie einschätzen.

Bleibt drittens die Chandler'sche Allokation von Ressourcen als Bestandteil von Strategie. Wie eingangs an den Beispielen von Afghanistan, COVID und BlackBerry gezeigt, scheitert es oft nicht an Ressourcen, sondern an deren kluger Verwendung. In Afghanistan wurden über 20 Jahre hinweg täglich 300 Millionen Dollar ausgegeben.[50] Das sind unvorstellbare Summen, bei denen klar wird, dass Technologie oder Geld durchaus nicht Garanten strategischen Erfolgs sind. Umgekehrt war BlackBerry im Start-up-Modus ohne nennenswerte Ressourcen strategisch sehr erfolgreich. Nun freilich ist diese Entkopplung von Mittel und Ziel nur das eine (und vielleicht gelindere) Übel, das die Idee der Implementierung unterläuft. Denn das umgekehrte Phänomen, wonach die Mittel die Ziele vor sich hertreiben, ist ebenso problematisch und sicherlich ebenso weit verbreitet. Hinter dem Euphemismus *Path Dependency* versteckt sich jene Tendenz, die Welt mit genau den Mitteln zu behandeln, die wir eben zur Hand haben. Der Diplomat macht Politik, der General Krieg, der Manager Pläne, der Techniker Software. Dysphemistisch: Dem Hammer wird alles zum Nagel.

Was wir also summa summarum im Chandler'schen Sinn von Strategie am Werk sehen, ist ein Optimismus, die Zukunft verstehen und gestalten zu können, der in Frustration und Enttäuschung umschlägt, sobald der Plan auf den schwankenden Boden der Realität trifft. Zu hölzern sind die Annahmen, aus denen Strategie gezimmert wird. Ein Ziel in der fernen Zukunft zu definieren heißt, diese vorhersehen zu können und herbeizusehnen. Der Rest ist Implementierung, was wiederum ein Begriff ist, der mehr zudeckt als offenlegt. Implementieren kommt vom Lateinischen *implere* für an- oder auffüllen. Ein Implantat verwendet ein Zahnarzt, um eine Lücke zu schließen, ein Loch zu füllen. Analog dazu wird auch die Funktion von Strategie verstanden als das Füllen der Lücke zwischen Plan und Realität, Heute und Morgen, Wirklichkeit und Wunsch. Darin drückt sich die Naivität und letztlich das Scheitern von Strategie in einem aus. Im Tun liegt Wissen, aus dem Tun heraus ergeben sich Ziele. Am Anfang war nicht das Wort, sondern die Tat – aber eben nicht die Tat als Implantat, sondern die Tat als Akt, der etwas hervorbringt, als Kunst, in der Können und Vorstellungskraft zusammenfinden.

Ironischerweise wusste Clausewitz das schon vor 200 Jahren. Er erwartete von Strategie weniger als Chandler (keine Handlungsanleitung für ein ungewisses Morgen) und gleichzeitig mehr als dieser (Haltung und Orientierung für Handeln in radikaler Ungewissheit). Was Clausewitz suchte, was wir heute suchen, ist die Passage zwischen »lebloser Analyse« einzelner Elemente und dem Nebel des Hier und Jetzt, zwischen bösem Traum und Utopie, zwischen Planung und Emergenz, Ordnung und Chaos. Strategie muss beides verbinden: Sie ist nur als Denkfigur möglich, wenn sie Orientierung im Denken und Haltung im Handeln vermittelt, ohne dabei der Illusion der Vorhersehbarkeit zu verfallen. Welche Passage schlägt Clausewitz vor?

EINE NEUE DENKFIGUR: STRATEGIE ALS BRÜCKE

02

Von großen Plänen: Methodologische Kriegsführung

Alles war geplant, nichts blieb dem Zufall überlassen. Die Tragödie des Ersten Weltkriegs durfte sich auf französischer Seite keinesfalls wiederholen. Dem ewigen deutschen Rivalen musste ein Riegel vorgeschoben werden. Nicht nur aus Stein und Stahl in Form der Maginot-Linie, sondern auch intellektuell, im Sinne eines immens ausgeklügelten Plans, der auf der Idee der methodologischen Kriegsführung fußte. In seinem *The Seeds of Disaster: The Development of French Army Doctrine, 1919–1939* beschreibt der US-Militärhistoriker und General Robert Doughty die akribisch geplanten Schachzüge der französischen Strategen, die verhindern sollten, was innerhalb nur weniger Wochen im Frühjahr 1940 unter Hitlers Blitzkrieg Realität wurde. Unter dem Schlagwort der methodologischen Kriegsführung war ein strategischer Masterplan entstanden, der jedoch dem Sturm des Blitzkrieges nichts entgegenzusetzen hatte. Was war geschehen?

Nach der Tragödie des Ersten Weltkriegs tat der französische Generalstab zunächst das Naheliegendste: aus dem Schrecken der Vergangenheit lernen. Und der Erste Weltkrieg bot in der Tat eine Menge an teuer erstandenen Lektionen. Die neue, mechanisierte Kriegsführung bereitete der Kavallerie ein Ende und unterstrich die Bedeutung der Artillerie. Die Schlachtfelder wurden mit Millionen von Geschossen aus Maschinengewehren und Kanonen verwüstet. Nichts also logischer, als die Artillerie zum zentralen strategischen Element in einer jeden künftigen Kriegsführung zu machen. Auf der Artillerie aufbauend, entwickelte sich die strategische Vorgehensweise Schritt für Schritt. Es mussten vorab Ziele definiert werden, die bestimmten, welche Art von Artillerie zum Einsatz kommen sollte und wie viel Artillerie zur Zielerreichung notwendig war. Erst dann konnte mit dem Einsatz der Infanterie gerechnet werden, die wiederum Panzer für ihren Vorstoß benötigte. Um das alles in einem Plan zu koordinieren, gab die methodologische Kriegsführung in exakten Zeitplänen vor, wie lange der Beschuss der Artillerie dauern sollte, wie lange die Infanterie brauchen würde, um neue Stellungen einzunehmen und zu sichern, und wie lange es dauern würde, die Artillerie nachzutransportieren und sie auf das nächste Ziel einzustellen. Wie ein präzises Uhrwerk war der gesamte Ablauf eingetaktet: Panzer waren dazu da, die Infanterie zu unterstützen, deren Funktion wiederum darin bestand, die Artillerie in Stellung zu bringen, sodass diese ihre vorab definierten Ziele auslöschen und so zum Sieg kommen konnte. Natürlich konnten die Infanterie und vor allem die Panzer schneller vordringen als die schwerfällige Artillerie, aber da die Logik der Strategie auf der Artillerie beruhte, wurde ihr alles untergeordnet. Dieser stringente, bis ins letzte Detail geplante Ablauf setzte wiederum zentrale Koordination voraus. Ein Kommandostab hatte die Artillerie zu befehligen, und nur er konnte die Infanterie losschicken, sobald die Kanonen verstummten. Waren die Soldaten am Ziel angelangt, brauchte es wiederum einen Befehl, die Artillerie vorzubringen. Jeder Schritt bedurfte eines wachen, überwachenden Auges. Diese metikulöse, methodologische Strategie war ein »Meisterwerk Cartesischer Rationalität«, wie Doughty analysierte.[51] Aus der zentralen Annahme, dass Artillerie künftige Kriege entscheiden würde, wurde ein Plan entwickelt, der den Ablauf bis ins Kleinste vorgab.

Nun wissen wir, dass diese methodologische Kriegsführung Hitlers Blitzkrieg, der auf Initiative, Geschwindigkeit und Überraschung aufbaute, nichts entgegenstellen konnte. Doughty kommt zum Schluss, dass die Niederlage nicht durch die materielle Übermacht oder die technologische Überlegenheit des Gegners verursacht wurde; vielmehr schreibt er, dass »nur ein fundamentales Umdenken die Situation 1940 hätte verändern können«.[52] Zu einem ähnlichen Schluss kommt der französische Historiker und Widerstandskämpfer Marc Bloch, der 1944 nahe Lyon von den Nazis umgebracht wurde. In seinem Buch *L'étrange défaite. Témoignage écrit en 1940*, das er im Schock der Niederlage von 1940 verfasste, schreibt Bloch: »We [France] were incapable of thinking in terms of a *new* war. In other words, the German triumph was, essentially, a triumph of intellect – and it is that which makes it so peculiarly serious.«[53] Der Grund für die Niederlage, so Bloch, war nicht ein Mangel an Vorbereitung – ganz im Gegenteil: Die Vorbereitungen waren *zu* exakt, *zu* detailliert, *zu* weitläufig. Wie Clausewitz vor ihm notiert Bloch, dass diese Form der planerischen Vernunft jede Initiative im Keim erstickt und Entscheidungen auf eine Abfolge von verketteten, vorab definierten Schritten reduziert.

Die methodologische Kriegsführung ist im Grunde ein Plan, eine bis ins Kleinste definierte Handlungsanweisung, die der Implementierung harrt. Die Idee entspricht dem, was Clausewitz als »Algebra des Handelns« kritisierte: Ein Ziel wird definiert, die Mittel sind entsprechend angeordnet, der Rest ist Abwicklung.

Doch sobald dieses Denken auf die Realität trifft, verwickelt es sich mit Friktion, Umständen, Überraschungen und einem Gegner, der Aktion und Reaktion antizipierend jede Kalkulation ins Paradox treibt. Das Resultat gleicht einem »bösen Traum«, vor dem Clausewitz warnte und den Frankreich erlebte.

Nun wird Strategie im organisationalen Kontext oft an die Idee der methodologischen Kriegsführung angelehnt. Der Management-Guru Peter Drucker etwa beschreibt Strategie als die interne *Theorie* eines Unternehmens, wie es im Wettbewerb bestehen könne.[54] Theorie ist dabei ein Set von Annahmen, die erklären sollen, wie Ressourcen, Mitbewerber, Innovation, sich wandelnde Bedürfnisse etc. miteinander verbunden sind. Die Logik ist auch hier die der methodologischen Unternehmensführung: Prinzipien verdichten sich zum Programm, in dem Handlungsketten zielgerichtet miteinander verknüpft werden. Der Plan harrt der Implementierung – und findet sich alsbald von den Umständen, den Widerständen, dem Zusammenspiel von Aktion und Reaktion ausmanövriert. Oder auch die mittlerweile Regalmeter füllenden COVID-Pläne, in denen Stufen, Ampeln, Kennzahlen (R-Wert, Neuinfektionen, Intensivauslastung etc.) die Zukunft meistern helfen sollen. Auch das ist eine Form der methodologischen Strategie, die so plant, wie der französische Generalstab zwischen den beiden Weltkriegen plante.

Nebel der Ungewissheit

Das Korrektiv zu einer methodologischen Kriegsführung liefert der Blick auf das Chaos des Schlachtfeldes. Clausewitz beschreibt diese Realität der Kriegshandlungen mit einer vor ihm ungekannten anthropologischen Tiefe, in die er die Leserschaft eintauchen lässt:

»Begleiten wir den Neuling auf das Schlachtfeld. Wenn wir uns demselben nähern, so wechselt der immer deutlicher werdende Donner des Geschützes endlich mit dem Heulen der Kugeln, welches nun die Aufmerksamkeit des Unerfahrnen auf sich zieht. Kugeln fangen an, nahe vor und hinter uns einzuschlagen. Wir eilen zu dem Hügel, auf welchem der kommandierende General mit seinem zahlreichen Gefolge hält. Hier wird das nahe Einschlagen der Kanonenkugeln, das Zerspringen der Granaten schon so häufig, daß der Ernst des Lebens sich durch das jugendliche Phantasiebild hindurchdrängt. Plötzlich stürzt ein Bekannter – es schlägt eine Granate in den Haufen und bringt einige unwillkürliche Bewegungen hervor – man fängt an zu fühlen, daß man nicht mehr völlig ruhig und gesammelt ist; auch der Bravste wird wenigstens etwas zerstreut. – Jetzt einen Schritt in die Schlacht hinein, die vor uns tobt, fast noch wie ein Schauspiel, zum nächsten Divisionsgeneral; hier folgt Kugel auf Kugel, und der Lärm des eigenen Geschützes mehrt die Zerstreuung. – Vom Divisions- zum Brigadegeneral – dieser, von anerkannter Tapferkeit, hält vorsichtig hinter einem Hügel, einem Hause oder hinter Bäumen; – ein sicherer Exponent der steigenden Gefahr – Kartätschen rasseln

in Dächern und Feldern, Kanonenkugeln sausen in allen Richtungen an und über uns weg, und schon stellt sich ein häufiges Pfeifen der Flintenkugeln ein; – noch ein Schritt zu den Truppen, zu der im stundenlangen Feuergefecht mit unbeschreiblicher Standhaftigkeit ausharrenden Infanterie; – hier ist die Luft erfüllt von zischenden Kugeln, die ihre Nähe bald durch den kurzen scharfen Laut verkünden, womit sie zollweit an Ohr, Kopf und Seele vorüberfliegen. Zum Überfluß schlägt das Mitleiden über den Anblick der Verstümmelten und Hinstürzenden mit Jammerschlägen an unser klopfendes Herz.

Keine dieser verschiedenen Dichtigkeitsschichten der Gefahr wird ein Neuling berühren, ohne zu fühlen, daß das Licht der Gedanken sich hier durch andere Mittel bewege und in anderen Strahlen gebrochen werde als bei der spekulativen Tätigkeit; ja, es müßte der ein sehr außerordentlicher Mensch sein, der bei diesen ersten Eindrücken nicht die Fähigkeit zu einem augenblicklichen Entschluß verlöre.«[55]

Während uns Clausewitz gedanklich durch die verschiedenen »Dichtigkeitsschichten der Gefahr« führt, wird klar, dass im Nebel des Ungewissen jeder vorab abgefasste Plan verschwimmt, jeder vorher ausgefasste Befehl verstummt. Niemand kann das Geschehen vorwegnehmen, in dem die kleinsten Zufälle größte Wirkungen entfalten und in dem sich das Paar von Aktion und Reaktion mal langsam, mal sprunghaft in unbekannte Richtungen bewegt. Ein falsch verstandenes Signal, ein zu später Wink, eine verirrte Kugel, einsetzender Regen – all das erzeugt Unvorhersehbarkeiten und Unwägbarkeiten, die jeden vorab gefassten Plan zunichtemachen. Angesichts dieser unberechenbaren Realität des Krieges wagte Clausewitz nicht an eine methodologische Kriegsführung zu denken. Und doch war er sich über die Notwendigkeit eines vorausschauenden, strategischen Denkens im Klaren. Wie konnte er die radikale Unsicherheit der Wirklichkeit mit dem Wunsch nach Orientierung verbinden? Wie Strategie denken?

Strategie nach Clausewitz

Clausewitz' Definition von Strategie klingt einfach – in der Tat fast verführerisch einfach: Strategie ist der Gebrauch der Schlacht für den Zweck des Kriegs.[56] Punkt. Kein Plan, keine Ressourcenallokation, keine Umweltanalyse, keine Zielsetzung. Im Zentrum steht vielmehr der Begriff des *Gebrauchs*, also die Verwendung oder Interpretation der Kampfhandlungen für einen Zweck, der über diese hinausgeht: das Gewinnen des Kriegs, und damit zu Ende gedacht – der Friede.

Bei genauerer Betrachtung zeigen sich drei Elemente, die in Clausewitz' Definition zusammenfinden. Im Zentrum steht der soeben hervorgehobene Gebrauch der Schlacht für den Zweck des Krieges. Was meint Clausewitz aber mit Gebrauch? Eine Schlacht ist kein Ding, kein Werkzeug, das man gebrauchen könnte. Für Clausewitz liegt der Gebrauch darin, dass Sieg und Niederlage auf dem Schlachtfeld nicht für sich selbst sprechen, sondern interpretiert werden müssen. Ihre Konsequenzen ergeben sich nicht automatisch, sondern liegen in der Wendung, in der Anwendung, die auf sie folgt. Noch einmal mit dem Beispiel der Kanonade von Valmy: Ihr Ausgang war unklar, doch ihre Bedeutung lag in der strategischen Aufladung, die von der Napoleonischen Volksarmee ausging und ihr ab Valmy vorauseilte. Der Referent für den Gebrauch ist die Auseinandersetzung: Die Schlacht ist der »Rohstoff« der Strategie, aber diese wird nicht von der Strategie gelenkt oder bestimmt. Was auf dem Schlachtfeld geschieht, gehört in die Domäne der Taktik. Die Strategie erhält ihre Aufgabe von ihr – und nicht umgekehrt, wie man es landauf, landab denkt: dass nämlich die Strategie der Taktik vorhergeht und Letztere mit dem Bereich der Implementation zusammenfällt. Die Taktik braucht vielmehr größtmöglichen Handlungsspielraum, um flexibel und agil im »Nebel des Ungewissen« agieren zu können.

Das andere Element der Clausewitz'schen Definition beinhaltet den Begriff des Zwecks. Damit ist die politische Intention, der Sinn gemeint, die den Krieg zum Werkzeug der Politik macht. Der Zweck stellt die Frage nach dem Sinn der Auseinandersetzung. Dieser Zweck ist der Horizont der Strategie, ihr Nordstern, der ihr ihre Ausrichtung und Bestimmung vorgibt. Daher rührt das bekannte Zitat von Clausewitz, wonach der Krieg die Fortsetzung der Politik mit anderen Mitteln sei. Die Politik setzt den Zweck, und der Krieg ist nur eine Möglichkeit, diesen zu erfüllen. Clausewitz gesteht dem Krieg daher seine eigene »Grammatik« zu, seine »Logik« aber bleibt die der Politik: »Ist nicht der Krieg bloß eine andere Art von Schrift und Sprache ihres [der Völker und deren Regierungen] Denkens? Er hat freilich seine eigene Grammatik, aber nicht seine eigene Logik.« Wenig später hört man ihm beim lauten Nachdenken zu:

> *»Also noch einmal: der Krieg ist ein Instrument der Politik; er muß notwendig ihren Charakter tragen, er muß mit ihrem Maße messen;*

die Führung des Krieges in seinen Hauptumrissen ist daher die Politik selbst, welche die Feder mit dem Degen vertauscht, aber darum nicht aufgehört hat, nach ihren eigenen Gesetzen zu denken.«[57]

Die Politik, die über Zwecke nachdenkt und entscheidet, setzt den Nordstern, dem alles Weitere folgt. Der Krieg ist (nebst Diplomatie, Wirtschaftsbeziehungen, Allianzen etc.) lediglich ein Modus des politischen Handelns. In diesem Spannungsverhältnis situiert nun Clausewitz Strategie. Es ist ihre Rolle, militärische Erfolge auf politische Zwecke hin zu beziehen und gleichzeitig sicherzustellen, dass sich taktisches Handeln am Nordstern (also am gemeinsamen Zweck) orientiert. Der Stratege ist weder Planer noch Macher, vielmehr ein Mittler, der darauf achtet, dass die Zwecke tatsächlich Handlungen leiten und dass diese Handlungen umgekehrt auf die gesetzten Zwecke hin einzahlen. Die ganze Schwierigkeit der Strategie liegt in diesem Verhältnis, wie John Gaddis sagt: begrenzte Mittel und Fähigkeiten auf potenziell unbegrenzte Aspirationen hin zu organisieren.[58] Strategie wird hier zum Medium zwischen Mittel und Zweck, Wirklichkeit und Möglichkeit, Zukunft und Gegenwart.

Strategie als Brücke

Auf dieser Clausewitz'schen Idee aufbauend, prägte der englische Politologe und Kriegsforscher Colin Gray das Bild der Strategie als Brücke.[59] Diese Denkfigur impliziert zwei Brückenköpfe. Auf der einen Seite der Brücke ist der Bereich der Politik, in dem es um Intentionen, Zwecke und Sinn geht. Auf der anderen Seite der Brücke findet sich der Bereich des Handelns. Das ist die Domäne des Militärs, in der es um Sieg oder Niederlage auf dem Schlachtfeld geht. Zwischen diesen beiden Bereichen hat Strategie eine – und nur eine – Funktion, wie Gray schreibt, nämlich

> *»to provide a secure connection between the worlds of purpose, which contestably is generally called policy, though politics may be more accurate, and its agent and instruments, including the military«.*[60]

Oder mit einer anderen Metapher von Gray ausgedrückt: Strategie funktioniert wie eine Schere, deren eine Klinge die militärische Kapazität und die andere Klinge die Politik darstellt. Die Aufgabe des Strategen ist, beide Klingen aufeinander zu beziehen, sodass die Schere schneidet.

Die Denkfigur der Brücke (oder Schere) situiert Strategie weder auf der Seite des Militärs (des Handelns) noch auf der Seite der Politik (des Zwecks). Sie ist weder auf dem Schlachtfeld noch im Konferenzsaal zu Hause. Sie kämpft weder mit dem Schwert noch mit der Feder. Strategie ist das, was die Schlacht auf politische Zwecke hin mobilisiert und was politische Zwecke in das Chaos der Kampfhandlungen hineinträgt. Dieses Geschäft des Ummünzens ist es, das Clausewitz als Aufgabe der Strategie versteht: mittels Taten Ideen verfolgen und mittels Ideen Tatsachen schaffen. In der Mitte, als Fuhrmann und Vermittler, der Stratege. Die Kriegsgeschichte illustriert die Denkfigur vielfach, zuletzt anhand des Beispiels Afghanistan, dem (vorläufig) letzten Kapitel im endlos langen Buch, das militärische Übermacht, die politisch scheitert, dokumentiert. Was hier dem Scheitern zugrunde liegt, ist das Versagen, Siege auf dem Schlachtfeld in politisches Kapital umzumünzen. Der britische Militärhistoriker Liddell Hart stellt dazu fest, dass ein Sieg (und der folgende Friede) immer moralischer, nicht materieller Natur sein muss. Man kann einen Gegner niederringen, ihn in die »Steinzeit zurückbomben«, wie es McNamara Vietnam androhte (und wahr machte). Aber Sieg und Niederlage sind letztlich Einsichten. Wenn sie fehlen, wird Krieg blinde Zerstörung und Kampf zum Morden.

Wenn nun Strategie im Gebrauch einer Schlacht für den Zweck des Krieges liegt, bedeutet dies im Umkehrschluss freilich auch, dass eine Niederlage einen positiven strategischen Effekt haben kann. Nehmen wir das Beispiel des Angriffs der Alliierten auf den französischen Hafen von Dieppe im August 1942. Dieser amphibische Angriff wurde als eine der desaströsesten Operationen des Zweiten Weltkriegs beschrieben.[61] Eine Attacke, in der rund 10 000 alliierte Soldaten von der deutschen Wehrmacht vernichtend zurückgeschlagen wurden. Doch der auf 199 Seiten fein säuberlich bis ins kleinste Detail ausformulierte Plan der Alliierten, vom Meer herkommend den Hafen zu besetzen, scheiterte kläglich. Eine verheerende Niederlage also? Vom strategischen Standpunkt aus gesehen sieht die Niederlage anders aus.

Dieppe war eine wertvolle Erfahrung für die anlaufenden Planungen einer Landung in der Normandie. Die Niederlage signalisierte den Verbündeten in den USA, dass ein Angriff vom Meer auf befestigte Küsten 1942 (noch) verfrüht gewesen wäre. Für die Russen war es ein Zeichen, dass die Alliierten im Westen mit demselben Einsatz gegen Hitler kämpften, wie sie es im Osten taten. Die deutsche Wehrmacht zog aus Dieppe den Schluss, dass eine amphibische Invasion kein ernst zu nehmendes Bedrohungsszenario darstelle. Somit täuschte Dieppe den Feind über die wahren Kraftverhältnisse und militärischen Fähigkeiten. Wir sehen hier, wie wichtig Strategie als Verbindung zwischen dem Geschehen auf dem Schlachtfeld (der fehlgeschlagene Angriff auf Dieppe) und dem Zweck des Krieges ist. Strategie ist der Gebrauch der Schlacht für den Zweck des Krieges, das heißt, paradoxerweise war die Niederlage von Dieppe im August 1942 wichtig für den Sieg der Alliierten 1945. Vielleicht hätte ein Sieg der Alliierten in Dieppe sogar den gegenteiligen Effekt gehabt: Die deutschen Truppen wären gewarnt gewesen und die Alliierten möglicherweise zu optimistisch im Hinblick auf eine amphibische Invasion.

Die Kunst der Strategie liegt genau darin: auch aus Niederlagen Macht zu schöpfen, Stärke zu gewinnen und gleichzeitig zu wissen, dass oftmals dem Triumph der Untergang innewohnt. Das Bild der Brücke tritt hier klar in Erscheinung: Strategie ist nicht der Plan und dessen Umsetzung (dann wäre Dieppe tatsächlich nichts als ein Fehlschlag gewesen). Vielmehr ist Strategie die Kunst, taktisches Geschehen auf Zwecke hin auszurichten. Damit kann eine Niederlage zum Erfolg beitragen und umgekehrt ein taktischer Sieg das Ende vom Anfang einläuten, wie Afghanistan und BlackBerry verdeutlichen: So unterschiedlich die Beispiele auch sind, stehen sie doch für ein Strategieversagen, in dem taktische Erfolge nicht auf Zwecke hin mobilisiert wurden – kurzum, in dem die Brücke eingestürzt war.

Implikationen

Aus diesem zunächst schlicht anmutenden Strategieverständnis folgen einige nicht ganz unwesentliche Implikationen. Zuerst ergibt sich daraus, dass Strategie kein Plan ist, der zukünftige Handlungen festlegt. Clausewitz wusste, was wir vergessen haben: Der Nebel der Ungewissheit ist so dicht, dass keine methodologische Strategieentwicklung möglich ist. Handeln *in situ* muss immer vom Takt bestimmt sein. Das bedeutet, dass Strategie keine Handlungsanleitung darstellen, keinen Blueprint vorstellen kann. Nochmals mit Colin Gray formuliert:

> *»strategy is not itself action behavior, it is the translation function, in theory and in practice, of operational and tactical action into (strategic) consequences ultimately for political effect«.*[62]

Diese Einsicht stellt das Verhältnis von Strategie und Taktik oder zwischen Strategieformulierung und Implementierung auf den Kopf. Alles, was auf dem Schlachtfeld passiert, ist der Taktik untergeordnet. Für Gray produziert die Taktik das Material, aus dem die Strategie ihren Effekt macht: »strategy is ›done‹ by tactics, tactics is ›done‹ by combat forces«. Oder noch präziser: »Strategy in the doing is simply tactics.«[63] In der Konsequenz ist Strategie

> *»never what we do; by definition it can only be in the consequences of what we do. These consequences ultimately will not be material. People, not machines or buildings (e.g. the White House, the Kremlin) wage war.«*[64]

Jedweder Erfolg über einen Gegner (mit der Ausnahme seiner Auslöschung) muss daher immer ein moralischer Erfolg sein. Der bereits zitierte Liddell Hart schreibt in diesem Zusammenhang, dass das eigentliche Ziel im Krieg immer »the mind of the enemy command« und nicht die »bodies of his troops« ist: »If we operate against his troops it is fundamentally for the effect that action will produce on the mind and will of the commander.«[65] Der Blitzkrieg oder die Taktik des *Shock and Awe* waren zunächst Formen mentaler Kriegsführung, die den Gegner aus der Balance werfen und in erster Linie seine Moral, Orientierung und Entscheidungsfindung (und dann erst seine Truppen) zersetzen sollten.

Für die Strategie bedeutet die Denkfigur der Brücke, dass ihr Geschäft zwar fokussierter wird, aber dadurch nicht unbedingt einfacher. Denn die Erzeugung eines Effektes aus Handlungen ist ein prekäres Unterfangen. Bis zu einem bestimmten Grad kann man Zwecke setzen und Taktik einüben (siehe die nachfolgenden Kapitel). Aber deren Beziehung bleibt fragil – allein schon deswegen, weil es sich um eine Interpretation handelt, die beide Seiten teilen müssen. Solange die eine Seite von Terroristen spricht, die andere aber von Freiheitskämpfern, kann ein Konflikt kein Ende nehmen.

Für den Strategen bedeutet das darüber hinaus, dass sie als Vermittlerin keinen eigenen, festen Raum hat. Sie ist immer in Bewegung, zwischen Schlachtfeld und Konferenzsaal, zwischen Tat und Wort, tauscht Schwert mit Füllfeder, ohne lange an dem einen oder anderen festzuhalten. Wie der Militärhistoriker Hew Strachan schreibt, liegt die eigentliche Herausforderung von Strategie daran, dass sie zwischen der Verwerfungslinie von Politik auf der einen und militärischem Handeln auf der anderen Seite vermitteln muss.[66] Strategie ist Dialog, Vermittlung, Übersetzung; aber sie selbst hat keine fixe Domäne, kein festes Zuhause.

Clausewitz auf Netflix

Netflix bietet eine gute Illustration der Denkfigur der strategischen Brücke.[67] Wie Gründer und CEO Reed Hastings schreibt, überlebte die Organisation nicht nur einschneidende Veränderungen in ihrem Umfeld, sondern gestaltete selbst einige grundlegende, disruptive Transformationen. Den Anfang machte die Lieferung von DVDs per Post, woraus sich dann der Streamingdienst entwickelte, den wir heute kennen. Eine weitere Neuerung betrifft das Netflix-Angebot selbst. Anfänglich wurden Produktionen von Drittanbietern gesendet, heute produziert Netflix viele seiner Erfolge selbst. Die dritte Transformation besteht aus einer radikalen Globalisierung. Obwohl die Geschmäcker bekanntlich verschieden sind, streamt Netflix mittlerweile in 190 Ländern der Welt. Diese Innovationskraft, Flexibilität und Agilität sucht seinesgleichen. Die meisten Firmen gehen in Transformationswellen unter (siehe BlackBerry) oder tun sich schwer, auf neue Bedingungen und Anforderungen zu reagieren (siehe Autoindustrie). Ein Großteil des Erfolgs ist der Strategie von Netflix geschuldet. Allerdings meine ich damit nicht die Implementierung eines elaborierten Plans oder eines Modells, sondern die Art und Weise, wie Strategie bei Netflix funktioniert: nämlich als Brücke, die lokales Handeln auf globale Zwecke hin ausrichtet. Hastings beschreibt diese Denkfigur in seinen eigenen Worten als Prinzip

»highly aligned, loosely coupled« – mit einem Schuss Clausewitz übersetzt: kollektive Ausrichtung auf einen Nordstern hin, bei gleichzeitig loser Koppelung von lokalen Handlungen und Initiativen. Die gemeinsame Ausrichtung (Nordstern) ist wichtig, da sie motivbildend und handlungsanleitend wirkt. Dazu Hastings mit einem Antoine de Saint-Exupéry zugeschriebenen Zitat:

> *»Wenn Du ein Schiff bauen willst, dann trommle nicht Männer zusammen, um Holz zu beschaffen, Aufgaben zu vergeben und die Arbeit einzuteilen, sondern lehre die Männer die Sehnsucht nach dem weiten, endlosen Meer.«*

Dies nennt Hastings explizit seinen Nordstern – der als Zweck, den alle Netflixler teilen, die »general direction we are running in [anzeigt]. We don't need to be aligned on how each department is going to get where they are going – that we leave to the individual areas – but we do need to make sure we are all moving in the right direction.«[68] Der Nordstern stellt eine solche gemeinsame Ausrichtung sicher, und zwar unabhängig davon, wo sich der je spezifische Akteur oder das spezifische Department befindet. Er schafft Orientierung ohne Order, ermöglicht gemeinsame Bewegung ohne Befehl.

Was nun auf der Ebene der Handlungen geschieht, ist nur lose miteinander gekoppelt *(loosely coupled)*. Initiativen werden lokal entworfen, Entscheidungen dezentral getroffen, Kampagnen distribuiert vorangetrieben. Autonomie und Agilität sind Schlüssel zur Innovation. »Our dispersed decision-making model has become a foundation of our culture and one of the main reasons we have grown and innovated so quickly.«[69]

Führung bedeutet nicht, Entscheidungen zu treffen, sondern Kontext zu schaffen, damit lokale Akteure selbst so entscheiden können, dass sie den übergreifenden Sinn und Zweck (den Nordstern) nie aus den Augen verlieren. In den Worten von Hastings und Meyer ist das »leadership with context, not control«.[70] Führung mittels Kontrolle bedeutet, Plan-Implementierungsketten linear umzusetzen. Führung mittels Kontext bedeutet die Wiedereinführung des Peripheren in die Perspektive des lokalen Entscheiders. Unter Kontext fallen freilich nicht nur die Umstände, die einen begleiten, sondern vor allem die Effekte einer Handlung, die sich wie Wellen in einem Teich konzentrisch ausbreiten, während der Stein nach unten sinkt. Der Fokus auf Kontext bedeutet, alles ist verbunden, wir leben in einem Netzwerk, in dem kleine Kräfte große Wirkungen entfalten können. Damit rückt eine Denkfigur in den Mittelpunkt strategischen Handelns, die das Bild des Schachspiels mit seinen fixen Größen und seinem Nullsummenspiel ablöst.

Mit dem Nordstern, der Orientierung und Haltung gibt, und dem Kontext, der individuelles Handeln einbettet, sind die Bedingungen für agiles, lokales Handeln gegeben. Für Hastings und Meyer ist klar, dass nur solch agiles, lokales, kurz: taktisches Handeln Erfolg versprechend ist. Wer könnte denn schon zentral entscheiden, ob eine US-Serie in Deutschland ankommt, ob Italiener Ablenkung oder Aufmerksamkeit im Fernsehen suchen, was Inder lustig finden oder ob Australier an Weihnachten genauso lange vor dem Fernseher sitzen wie Finnen. Nur eine »international learning machine« (so ein Netflix-Manager) kann global agieren und gleichzeitig die notwendige lokale Flexibilität zulassen, die erst erlaubt, sich situativ, agil und flexibel anzupassen. Was lokal passiert, wird dezentral entschieden, mit viel Mut zum Experiment und dem Lernen aus notwendigen Fehlern.

Dabei ist sich Netflix bewusst, dass Erfolg am Ende eine Zustandsbeschreibung ist, die ebenfalls nur lose an bewusst formulierte Intentionen (Nordstern) und dezentrale, agile Handlungen geknüpft ist. Beispiel *Icarus*, ein Dokumentarfilm, in dem der Protagonist im Selbstversuch mithilfe von Doping ein Radrennen gewinnen will: Netflix ging für diese Produktion finanziell ungeheuer in Vorlage. Als die Dokumentation im August 2017 gestreamt wurde, floppte sie. Der Schaden war groß, die Enttäuschung noch größer. Bis das Internationale Olympische Komitee im Dezember 2017 Russland für die kommenden Spiele sperrte und *Icarus* als Beweis für Dopingvorwürfe zitierte. Nun war *Icarus* plötzlich im Zentrum der öffentlichen Aufmerksamkeit. Sportler wie Lance Armstrong zitierten den Dokumentarfilm und bald explodierten die Download-Statistiken auf Netflix. Im darauffolgenden Jahr gewann *Icarus* den Oscar in der Kategorie bester Dokumentarfilm.[71]

In dieser dramatischen Geschichte von Niederlage zu Erfolg steckt Netflix' Haltung: Handlungsspielraum für lokale Experimente eröffnen, die sich am kollektiven Nordstern orientieren. Scheitern und Erfolg hängen oft von Zufälligkeiten und Umständen ab, die jenseits von Kontrolle liegen: Das IOC macht Doping zum Thema (bei Netflix); oder der Regen weicht den Boden auf und verzögert das Nachrücken der Hilfstruppen (bei Clausewitz); oder der Virus mutiert zur neuen Variante (in der Pandemie). Die

Umstände umgarnen den Handlungsstrang nicht nur, sie verwickeln sich unentwegt mit und in ihm. Kein Plan kann diesen Umständen, dieser Fülle an Kontext, Genüge tun. Schlimmer noch, ein Modell (wie in der methodologischen Kriegsführung) reduziert die Welt auf einige wenige Kräfte, die Ursache und Wirkung mechanisch determinieren sollen, was freilich in einer vernetzten Welt radikaler Unsicherheit nicht funktioniert.

Schon Clausewitz wurde dies durch den Schock der napoleonischen Disruption klar. Seine Intuition war, Strategie alternativ als Brücke zu verstehen, um damit die Unmöglichkeit eines archimedischen Punktes zu vermeiden, aber gleichzeitig die Möglichkeit der Orientierung im kollektiven Denken und in der Haltung im dezentralen Handeln aufrechtzuerhalten. Das Prinzip »highly aligned« auf einen Nordstern hin und »loosely coupled« im Bereich der Initiativen und Kampagnen wird von der Strategie zusammengehalten und so sichergestellt, dass dezentrales lokales Handeln kollektiv Sinn macht und auf den Nordstern hin ausgerichtet ist. Und dass der Nordstern sichtbar bleibt, Orientierung bietet und Haltung vermittelt, sodass lokales Handeln und Entscheiden zweckgerichtet ist. Netflix ist nicht für seine Masterpläne bekannt. Dafür verfügt die Organisation über eine strategische Brücke, die Ausrichtung und Agilität, eine geteilte Fluchtlinie und Flexibilität, kollektive Intentionalität und Innovation miteinander verbindet. Darin liegt die Denkfigur, die Clausewitz schon vor zwei Jahrhunderten verfolgte.

ORIENTIERUNG IM DENKEN, HALTUNG IM HANDELN: DER NORDSTERN

03

Robert McNamara

Vielleicht ist niemand so sehr ein Produkt und Protagonist der Strategielehre des 20. Jahrhunderts wie Robert McNamara. Die »IBM-Maschine auf Beinen« (wie er durchaus wertschätzend genannt wurde)[72] war Professor an der Harvard-Universität, Präsident von Ford, Verteidigungsminister der USA und Weltbankchef. Als Inkarnation des klassischen Managers über sektorale Grenzen hinweg war er Verfechter der Idee, dass die Techniken der Managementstrategie, die er in Harvard lernte und lehrte, auf den Rest der Welt übertragbar sind. In seinem Spätwerk *In retrospect: The tragedy and lessons of Vietnam* schlägt der Ton um. McNamara gibt einen tiefen, kritischen und ernüchternden Einblick in sein strategisches Denken während des Vietnamkrieges – und dessen Versagen.

Zunächst folgte McNamara einem klassischen, rationalen Ansatz, der mit einer Lehrbuchdefinition von Strategie beginnt: »define a clear objective for whatever organization I was associated with, develop a plan to achieve that objective, and systematically monitor progress against the plan«.[73] Wir sehen die essenziellen Elemente herkömmlicher Strategie in einem Satz kondensiert: Ziel, Plan, Implementierung, Kontrolle. McNamara war sich darüber im Klaren, dass er mit seiner planerischen Vernunft auf Widerstand stoßen würde. Dieser Widerstand musste im Namen von Effizienz und Fortschritt gebrochen werden:

> *»I had no patience with the myth that the Defence Department could not be managed. It was an extraordinarily large organization,*

but the notion that it was some sort of ungovernable force was absurd. I had spent fifteen years as a manager identifying problems and forcing organizations – often against their will – to think deeply and realistically about alternative courses of action and their consequences. My team and I were determined to guide the department in such a way as to achieve the objective the president had set: security for the nation at the lowest possible cost.«[74]

Exakt dieser Logik folgte McNamara im eskalierenden Konflikt in Vietnam. Er war sich sicher, dass sein Ansatz des strategischen Denkens auch im Dickicht des Dschungels erfolgreich sein würde. Er zwang seine Generäle, Fortschritte wie Rückschritte im Hinblick auf Zielerreichung genau zu messen. In diesem Fokus auf Implementierung sah McNamara trotz allerlei Schwierigkeiten den »Grundstein des guten Managements«:

»As I have emphasized, since my years at Harvard, I had had gone by the rule that it is not enough to conceive of an objective or a plan to carry it out; you must monitor the plan to determine whether you are achieving the objective. I was convinced that, while we might not be able to track something as unambiguous as a front line, we could find variables that would indicate our success or failure. So we measured the targets destroyed in the North, the traffic down the Ho Chi Minh Trail, the number of captives, the weapons seized, the enemy body count, and so on.«[75]

In seinem Strategieverständnis wandelten sich Ziele in KPIs, die Fortschritt messbar machen sollten. Hier war der Meisterstratege am Werk: Ziele setzen, mittels KPIs messbar machen, einen Plan erstellen, die Implementierung vorantreiben und wenn nötig Anpassungen vornehmen. Aber die Idee der quantifizierbaren Zielsetzung war verfehlt:

> *»Uncertain how to evaluate results in a war without battle lines, the military tried to gauge its progress with quantitative measurements such as enemy casualties (which became infamous as body counts), weapons sized, prisoners taken, sorties flown, and so on. We later learned that many of these measures were misleading or erroneous.«*[76]

Im Nebel der Ungewissheit verschwanden die scheinbar klarsten Tatsachen. Nicht einmal Freund und Feind waren klar zu identifizieren. Noch recht einfach waren die regulären Truppen Nordvietnams zu kategorisieren, wie aber mit losen Verbänden umgehen, die den Süden infiltrierten? Wie die lokale Bevölkerung einschätzen, die die Guerillas unterstützte? Wo ist der Unterschied zwischen aktiver Unterstützung und passiver Duldung? Und was ist mit Spionen, Informanten, Bauern, die paramilitärischen Einheiten Schutz boten? Wie sollte man angesichts dieser Unübersichtlichkeiten die Stärke des Feindes einschätzen können? Wie vermessen also die Vermessung! Dabei sind hier die für Clausewitz so wichtigen nicht quantifizierbaren Größen, wie etwa die Moral der Truppen, ihre Erfahrung oder ihre Widerstandskraft, noch gar berücksichtigt.

McNamara beging in seiner Strategie den Fehler, dass für ihn nur zählte, was er zählen konnte. Im Nachhinein wurde ihm klar, was für ein folgenschwerer Irrtum ihm damit unterlaufen war:

»we were terribly wrong, terribly wrong. We owe it to future generations to explain why. I truly believe that we made an error not of values but of judgment and capabilities.«[77]

Dieser Irrtum im Urteilen, diese Fehleinschätzung der eigenen Handlungsfähigkeit war der Grund für das Scheitern seiner Strategie. Es mangelte an einem klar definierten politischen Zweck, auf den hin Handlungen hätten ausgerichtet werden können. Es fehlte der Grund des Krieges, er blieb ohne Sinn. Die Dominotheorie, wonach der Fall Südvietnams den Fall Südostasiens nach sich ziehen würde, war falsch. Vietnam hatte schon gegen die Chinesen, dann gegen die Franzosen und nun gegen die USA für seine Unabhängigkeit gekämpft. McNamara wurde erst viel zu spät klar, dass er keinen Kontext hatte für das, keinerlei Verständnis von dem, was er erreichen wollte:

»I had never visited Indochina, nor did I understand or appreciate its history, language, culture, or values. The same must be said, to varying degrees, about President Kennedy, Secretary of State Dean Rusk, National Security Advisor McGeorge Bundy, military advisor Maxwell Taylor, and many others. When it came to Vietnam, we found ourselves setting policy for a region that was terra incognita.«[78]

Das Post mortem ergibt das Bild eines fatalen Strategieversagens. Der effizienzgetriebene Manager McNamara setzt Ziele, macht Pläne und treibt deren Implementierung via KPIs voran. Er ging davon aus, dass Strategie im Dschungel von Vietnam so funktioniert wie im Hörsaal von Harvard oder in der Ford-Fabrik: Ziele,

Pläne, Implementierung, Kontrolle – hier wie dort vereinfacht Strategie die Welt, sie modelliert sie nach ihrem Bild. Nun mag das in einer linearen Welt funktionieren, in der Komplexität Vietnams wurde Strategie aber zum Teil des Problems.

Clausewitz wäre angesichts dieses Scheiterns nicht überrascht gewesen. Für ihn ist der Zweck entscheidend, den die Politik vorgibt. Und genau dieser Zweck fehlte im Vietnamkrieg. Die US-Armee (miss)verstand die Auseinandersetzung als konventionellen Krieg und setzte (wie im Zweiten Weltkrieg) auf das, was Militärs mit dem Euphemismus »kinetische Energie« umschreiben: *send a bullet instead of a man*. Die Strategie dahinter war so unspezifisch, dass sie auf so ziemlich jeden Krieg der vergangenen Jahrhunderte hätte passen können. Wie der US-General Westmoreland zusammenfasste, war das Ziel für Vietnam »to hurt the enemy across the spectrum of his efforts until he concluded that he could not win and thus seek and agree to a political settlement«.[79] In Wirklichkeit war dieser Konflikt jedoch nicht mit Bomben zu lösen. Strategisch gewendet: McNamara hatte Ziele, die er mittels seiner Pläne implementieren wollte. Aber zwischen dem Dschungel in Vietnam und den Diskussionen im Pentagon klaffte eine Lücke, die durch »Implementierung« nicht überbrückbar war. Dieses strategische Denken, das vom Plan und seiner Implementierung ausgeht, war selbst fehlerhaft, die Idee einer quantifizierbaren Zielvorstellung, die nur der Umsetzung harren würde und damit automatisch zum Sieg führen würde, war falsch. Der Vietnamkrieg konnte mit Gewalt nicht gewonnen, sondern lediglich beendet werden. Dasselbe gilt übrigens für die meisten kriegerischen Konflikte der letzten 50 Jahre: Afghanistan, Syrien oder

der Konflikt zwischen Israel und Palästina sind traurige Denkmäler eines fatalen Strategieversagens.

Wider die Ziele

Um der Logik des Scheiterns auf den Grund zu kommen, müssen wir mit der Idee der Zielsetzung beginnen. Wenn wir Strategie sagen, dann denken wir zunächst an das Setzen und Erreichen von Zielen. Möglichst genau wollen wir wissen, was der angestrebte Endzustand sein soll, um Ressourcen dementsprechend einsetzen zu können. Das Ziel wird dabei in Zahlen gefasst, als Ziellinie auf dem imaginären Pfad der Zukunft eingeritzt oder als Punkt auf der Karte der Welt von morgen markiert. Dies geschieht im Namen der Messbarkeit. Erlaubt doch, so die Überzeugung, allein ein gestecktes Ziel Ausrichtung und wird es nur durch Zielsetzung zuallererst möglich, die nötigen Schritte auf dem Weg in die Zukunft zu planen und Fortschritte zu identifizieren. Die Grundidee der Strategie, wonach man zuerst planen und dann handeln soll, braucht das Ziel als Vorgabe, die unter der Feder des Strategen zur Aufgabe derer wird, die sich mit der Implementierung auseinandersetzen müssen. Das Ziel vermisst die Kluft zwischen Sein und Sollen, Heute und Morgen, Wirklichkeit und Wunsch. Sie zu füllen (die eigentliche Bedeutung des Wortes »Implementieren«), bleibt für den Strategen der enge, dunkle Handlungsspielraum, wenn das Ziel einmal definiert ist.

Das Denken in Zielen aber hat seinen Preis. Es ist ein instrumentelles Denken, das von einer erkennbaren, wünschenswerten Zukunft ausgeht, die man im Hier und Jetzt definieren kann. Diese Idee ist aus zwei Gründen problematisch.

Zum einen wird hier mit der Zukunft ganz und gar unlogisch umgesprungen. Denn wenn die Zukunft definierbar ist und Ziele in der Zukunft festgelegt werden können, dann muss sie objektiv existieren. Wenn sie allerdings objektiv existiert, dann sind unsere strategischen Handlungen nur eitle Spielereien, denn was objektiv existiert, tut es mit oder ohne unser Zutun. Oder wie es der Philosoph Jean-Pierre Dupuy ausdrückt: »Wenn wir das Prinzip der Realität der Zukunft akzeptieren, dann ist es unsinnig anzunehmen, wir könnten die Zukunft verändern.«[80] Anders herum: Strategie setzt Ziele in eine zukünftige Landschaft, von der sie annehmen muss, diese existiere. Eben diese Annahme aber läuft logisch gesehen der Gestaltbarkeit der Zukunft zuwider. Und damit wackelt das epistemische Haus der Strategie, die sich an Zielen orientiert: Wenn sich die Zukunft verstehen lässt, dann muss sie existieren und ist also nur begrenzt veränderbar.

Der zweite Grund für Zweifel an der Idee der Zielsetzung ist existenzieller Natur. Einmal formuliert, ordnet sich das Ziel alle vorgelagerten Handlungen als Mittel zur Zielerreichung unter. Die ganze Welt wird in einen instrumentellen Um-zu-Zusammenhang umgedeutet – eine enge Verkettung, in der die Dinge, die man heute tut, ihren Sinn aus dem Morgen entlehnen müssen. Wir leben von der Zukunft, im Morgen, und borgen uns von der Zukunft Mut, Kraft, Legitimation für unsere Entscheidungen im Heute. Freilich geht das nicht auf ewig, denn irgendwann sind alle möglichen Zukünfte verpfändet, alle Optionen auf absehbare Zeit aufgebraucht. Absehbar bezieht sich hier meist auf eine Generation, die spürt, dass sich in ihrer Lebenszeit nichts mehr bewerkstelligen lässt. Das Gefühl, das sich dann einstellt, sagt nur noch *no future*. Was ganz einfach bedeutet, dass es keine Zukunft mehr gibt, in deren Namen es Sinn machen würde, sich heute anzustrengen. Die Zukunft ist verbaut und sie wirft ihren dunklen Schatten auf die Gegenwart zurück.[81]

Ebenso existenziell unbefriedigend ist aber auch der Fall der tatsächlichen Zielerreichung. Wie Pascal schreibt, sind wir falsch beraten, wenn wir glauben würden, dass es dem König beim Jagen um das tote Tier (sprich: die Zielerreichung) ginge:

> *»Ein Edelmann glaubt völlig im Ernst, daß die Jagd etwas Großes und Edles sei: er nennt sie ein königliches Vergnügen. Ebenso ist es mit anderen Dingen, mit denen sich die meisten Menschen beschäftigen. Man bildet sich ein, daß in den Gegenständen selbst ein wirklicher und wahrhafter Werth liege. Man redet sich ein, wenn man nur erst dies oder jenes Amt erhalten habe, so würde man sich darauf mit Vergnügen zur Ruhe setzen; und man übersieht dabei die unersättliche Natur seiner Begierde. Man glaubt in vollem Ernst die Ruhe zu suchen und man sucht in der That nur Geschäftigkeit.«*[82]

Allgemeiner formuliert: Ziele sind essenziell schwammig und existenziell elastisch, sie geben in Richtung Zukunft nach. Ein Leben lang verschiebt sich die Ziellinie und die Linien, die man kaum noch wahrnehmbar im Sand überschreitet, sind lediglich Erinnerungen an eine Welt, die es nicht mehr gibt. Je näher man kommt, desto mehr verwandeln sich Ziellinien in Startlinien für ein neues Rennen. Daher ist die Zielerreichung selbst niemals das eigentliche Ziel. Egal, ob man auf den Volksmund hört, wenn er sagt: »Der Weg ist das Ziel«, oder lieber auf Kafka: »Es gibt ein Ziel, aber keinen Weg; was wir Weg nennen, ist Zögern«[83] – das Ziel ist niemals das Ziel. Am Ende sind wir alle Hemingwayianer, alte Männer, alte Frauen auf dem Meer, denen es um die Reise ging und nicht um das Fischen.

Südpol: Was man von der schrecklichsten Reise der Welt lernen kann

Im Jahr 1910 bricht der Brite Robert Falcon Scott mit seiner Expedition zum bis dahin unerreichten Südpol auf. Um es vorwegzunehmen: Die Reise endete mit dem Tod Scotts und seiner Gefährten, die auf dem Rückweg hungernd, erschöpft, unterkühlt im März 1912 in ihrem Zelt nur wenige Kilometer vom nächsten Depot entfernt starben. Cherry-Garrard, einer von Scotts Weggefährten, nannte das Unterfangen später die schrecklichste Reise der Welt.[84] Und das war keineswegs eine Übertreibung. Scotts teure motorisierte Schlitten stellten sich von Anfang an als unbrauchbar heraus. Sein Plan B sind Ponys, die sie als Lasttiere zum Südpol bringen sollten. Aber auch Ponys sind den eisigen Temperaturen des Südpols nicht gewachsen und alle Tiere starben der Reihe nach. Für Scott blieb nur ein Ausweg, nämlich dass die Gruppe die 200 Kilogramm schweren Schlitten selbst zog. Das Eis scheuerte wie Sandpapier an den Kufen und machte das Vorwärtskommen zur Hölle. Mit Temperaturen um die minus 50 Grad, tagelangen Schneestürmen, schlechter Ausrüstung und viel zu wenig Proviant schleppten sich Scott und seine Begleiter die 1500 Kilometer zum Südpol. Als sie am 17. Januar 1912 ankamen, winkte ihnen aus der Entfernung schon eine Flagge zu. Der Norweger Roald Amundsen hatte den Südpol mit seinen schnellen Hundeschlitten

33 Tage vor ihnen erreicht und damit das Rennen um die Erstbegehung gewonnen. Scott notierte die unglaubliche Enttäuschung in seinem Tagebuch:

> »*The worst has happened, or nearly the worst. About the second hour of the March Bowers' sharp eyes detected what he thought was a cairn; he was uneasy about it, but argued that it must be a sastrugi [erosions of snow caused by strong wind]. Half an hour later he detected a black speck ahead. Soon we knew that this could not be a natural snow feature. We marched on, found that it was a black flag tied to a sledge bearer; near by the remains of a camp; sledge tracks and ski tracks going and coming and the clear trace of dogs' paws – many dogs. This told us the whole story. The Norwegians have forestalled us and are first at the Pole. It is a terrible disappointment*«.[85]

Wohl selten hat sich ein Ziel so schnell in Enttäuschung verwandelt wie an diesem Tag. Doch was war dieses Ziel? Der Südpol selbst war im endlosen Meer aus Eis und Schnee als solcher gar nicht erkennbar. Es war ein imaginärer Punkt, auf den lediglich die ungenauen Instrumente hinweisen konnten. Ein Klumpen Eis wie der andere, keiner davon konnte *der* Südpol sein. Was Südpol genannt wird, ist also gleichermaßen ein wirklicher Ort und ein imaginärer Punkt, ein Haufen Schnee und Eis und gleichzeitig Brennpunkt der Fantasie für Abenteurer, Wissenschaftler und Imperialisten. Als Amundsen den eisernen Schaft seiner Fahne ins Eis rammte, stach er damit nicht nur ein Loch ins Eis, sondern erfüllte auch einen Menschheitstraum.

Wir haben es hier also mit zwei unterschiedlichen Dingen zu tun: Der physische Südpol ist ein Ziel, das nachgibt wie Schnee; aber gleichzeitig ist der Südpol ein Bild, das die Gemüter erhitzt wie Feuer. Er ist ein wirklicher Ort und gleichzeitig ein imaginärer Raum. Diese Zweideutigkeit macht ihn zum Symbol. Ein Symbol ist nämlich immer beides: sinnlich und greifbar, aber auch immateriell und imaginär. Wie das Kreuz in der Kirche: zwei Holzbalken rechtwinklig verleimt und doch denen, die glauben, Zeichen für die Erlösung der Menschheit. Oder, säkularer gefasst, die Flagge eines Staates, nichts als Stoff und Farbe, und doch repräsentiert sie Stolz und Identität einer Nation. Darin liegt die Eigenheit des Symbolischen: Es verbindet das Sinnliche mit dem Geistigen, Welt und Idee, Wirklichkeit und Imagination.[86]

Die Crux ist nun, dass das Symbol weit mehr mobilisiert und mehr an Energie freisetzt als ein Ziel. Nur weil der Südpol eben mehr als ein Ziel war, konnten Scott und die Seinen die »schrecklichste Reise der Welt« antreten. Was Scott mit Amundsens Ankunft verloren hatte, war nicht im ewigen Eis und Schnee zu finden. Nein, was Scott verlor und was Amundsen gewann, das war ein symbolischer Sieg. Als Scott am 18. Januar wieder umkehrte, wusste er, dass er seinen Traum – und damit seine Energie – verloren hatte:

> *»We carried the Union Jack about 3/4 of a mile north with us and left it on a piece of stick as near as we could fix it. Well, we have turned our back now on the goal of our ambition and must face our 800 miles of solid dragging – and good-bye to most of the daydreams!«*

Es war dieser Traum, der Scott auf dem Weg zum Südpol antrieb. Und als der platzte, da platzten auch Sinn und Zweck der gesamten Expedition. Die unglaublichen Strapazen, Kälte, Hunger, Gefahr, all das war erträglich, solange es einen Sinn gab. Mit Viktor Frankls leidgeplagtem und doch so analytischem Blick lässt sich feststellen: »In gewisser Weise hört Leiden auf zu leiden, sobald es eine Bedeutung findet, wie die Bedeutung eines Opfers.«[87] Solange es ein Opfer war, konnte Scott die ungeheuren Strapazen des Marsches durch die Eiswüste ertragen. Als aber Leid sich in Niederlage verwandelte, wurde die Expedition unerträglich.

All das bräuchte uns nicht zu berühren, wäre Scotts Geschichte nicht (auch) eine schrecklich schöne Metapher für jeden von uns. Wie Cherry-Garrard auf der letzten Seite seiner Reisebeschreibung ausführt, tritt jeder irgendwann seine Expedition durch Eis und Schnee an, um zu seinem inneren Pol zu gelangen. Jedes Leben beinhaltet seine Antarktis.

Südpol, Nordstern

Was folgt daraus für die Strategie? Ein Ziel zu setzen, kann nicht das Ziel der Strategie sein. Vielmehr muss die Strategie Zwecke finden, erfinden, für die es sich lohnt, zu arbeiten und zu kämpfen. Für dieses Streben setze ich den Nordstern als das, was Strategie braucht, um trotz des Clausewitz'schen Nebels der Ungewissheit Orientierung zu vermitteln.[88] Der Nordstern zeichnet sich zunächst dadurch aus, dass er unerreichbar ist. Niemand bricht auf, um zum Nordstern zu gelangen. Oder in der Sprache des Strategen: Der Nordstern ist nicht implementierbar. Und trotzdem bietet er die notwendige Orientierung an, um Handeln auszurichten. Entscheidend ist dabei, dass der Nordstern nicht vorgibt, was zu tun ist, keine Handlungsanweisung darstellt. Er dient der Orientierung, egal, ob man dem Sumpf vor sich ausweicht, den Berg umgeht, den Fluss anderswo überquert. Der Handlungsspielraum und die Flexibilität bleiben im Lokalen maximal, während der Nordstern stetig die Richtung anzeigt. Ebenfalls entscheidend ist, dass der Nordstern Orientierung für *kollektives* Handeln gibt. Wo immer sich die Akteure befinden, schafft der Nordstern einen geteilten Horizont, einen Fluchtpunkt, der für alle gleichermaßen leuchtet.

Der Nordstern entfesselt mehr Energie als eine Ziellinie. Er bietet Orientierung und erweitert gleichzeitig den kollektiven Handlungsspielraum der Akteure. Denn wer sich an ihm orientiert, für den erschließt sich, dass man manchmal einen Schritt zurück tun muss, um vorwärtszukommen; dass der schnellste Weg nicht der kürzeste ist, sondern vielleicht über Umwege und Abwege führt. Das Ziel hingegen schafft einen Tunnelblick, dem jede Abweichung von der Geraden nur Ablenkung, Abweg und Umweg ist. Abstrakt formuliert: Der Nordstern bietet Orientierung und lokale Flexibilität, kollektive Ausrichtung ohne individuelle Handlungsanleitung. Er lädt zu flexiblem, agilem und situativem Handeln ein, während er Haltung vermittelt. Damit bietet er Orientierung für kollektives Handeln von verschiedensten Akteuren in unterschiedlichsten Lagen.

Eine kleine Philosophie des Symbols

Der Nordstern ist eine Denkfigur, eine Metapher, die dem Denken Richtung gibt. Praktisch gewendet stellt sich die Frage, was im Alltag als Nordstern leuchtet. Was sehen wir, wenn wir uns nach ihm ausrichten? Was bringt ihn zum Leuchten? Wie vermittelt er Orientierung? Ich schlage vor, den Nordstern als Symbol zu lesen.

Ein Symbol ist, wie schon angedeutet, ein komplexes Gefüge. Der Südpol ist nichts als Eis und Schnee, mit freiem Auge nicht wahrnehmbar und doch wirklich und wirkmächtig, handlungsanleitend und motivbildend. Eine Fahne ist nichts als Stoff und Farbe und verweist doch auf Identität, Herkunft, Zukunft. Ein Kreuz ist ein Symbol, nichts als zwei Holzbalken rechtwinklig verbunden, oder, noch flüchtiger, eine Handbewegung, die sich auf der Brust überkreuzt – und doch bedeutet es für manche Gott und die Welt und ein Leben nach dem Leben. Etwas weltlicher: Die Bürogröße ist eine Quadratmeteranzahl und doch Zeichen für Status und Macht. Ein Titel vor dem Namen ist die Beschreibung relativer Stellung und doch Auszeichnung und Merkmal. Ein Plan zeigt sich in geduldigen Worten auf Papier und doch ist er Hoffnung, der Souffleur der Zukunft sein zu können. Erfolgreiche Politik ist symbolgeladen, setzt wie Kennedys Mission vom »Mann auf dem Mond« Energien frei und koordiniert kollektives Handeln. Kurzum, Symbole sind allgegenwärtig und strukturieren unsere institutionalisierte Welt in hohem Maße.[89]

In seiner *Philosophie der symbolischen Formen* analysiert der deutsche Philosoph Ernst Cassirer das Symbol in dessen kultureller Wirkmächtigkeit. Zugespitzt fragt Cassirer: Die Natur folgt den Gesetzen der Physik, welchen Regeln folgt die von uns geschaffene Welt? Was leitet gesellschaftliches Handeln? Wäre es rein subjektiv, das heißt dem Individuum überlassen, zu tun und zu lassen, was es will, so würde sich kein kollektives Handeln ergeben. Würde kollektives Handeln aber einem Gesetz folgen, so wäre die menschliche Freiheit verloren. Cassirer sucht eine Passage, einen Mittelweg zwischen überdeterminierten, gesellschaftlichen Normen und rein individuellen Interessen – und findet dabei das Symbol.

Das Symbol organisiert kollektives Handeln, indem es eine Reihe von ganz spezifischen Funktionen zum Ausdruck bringt. Zunächst sind Symbole materiell, sichtbar, greifbar, erlebbar. Dann aber transzendieren sie auch Zeit und Raum und verweisen auf ein nicht empirisches Ordnungsprinzip, auf Werte und Normen, die außerhalb der Erfahrung liegen. Symbole sind Aufladungen, in denen das Sinnliche und das Ideelle zusammentreffen: Der Platz des Himmlischen Friedens ist konkreter Ort *und* Ausdruck politischen Wandels; Gandhi war eine Person aus Fleisch und Blut *und* eine Figur gewaltlosen und doch machtvollen Protests; der 24. Dezember ist ein Tag wie jeder andere im Kalender *und* der Tag des Mythos von Jesu Geburt; der Koran oder die Bibel sind Buchstaben auf Papier *und* heilige Schrift; das Attentat auf den österreichischen Thronfolger Franz Ferdinand in Sarajewo im Sommer 1914 beendete ein Leben *und* läutete die Urkatastrophe des 20. Jahrhunderts ein. All dies sind Beispiele für Symbole, in denen sich abstrakter Sinn konkret verkörpert findet.

Das Symbol ist also immer beides, lebt immer von beidem: konkreter Gegenstand, Zeitpunkt, Ort, Person, Ereignis, Text etc. *und* der Verweis auf eine transzendente Ordnung, einen Sinn jenseits des Sinnlichen. Mit Cassirer gesprochen, ist das Symbol »gebunden ans Sinnliche und gleichzeitig frei vom Sinnlichen«. Es spielt mit Anwesenheit und Abwesenheit, es »entwirklicht« konkrete Handlung (Transzendenzfunktion) und »verkörpert« abstrakten Sinn (Immanenzfunktion).

Ähnlich gestaltet sich sein Verhältnis zur Zeit. Ein Symbol ist infinit veränderbar und flexibel *und* doch stabil, sich selbst gleich bleibend. Dazu noch einmal das Kreuzzeichen im Christentum: ein Kreuz aus Holz in der Kirche, ein Zeichen mit der Hand, ein Kreuz auf dem Gipfel – all dies sind unterschiedliche Manifestationen des Kreuzes, ausgezeichnet durch Vielheit und Veränderbarkeit, und doch bedeuten sie dasselbe. Veränderung und Stabilität sind im Symbol vereint. Das Symbol ist offen für Interpretation, für Aneignung durch Verwendung. Diese Offenheit macht es zu einem Feld der politischen Auseinandersetzung. Und hier sind Konflikte vielfach Konflikte über die Deutungshoheit von Symbolen.

Diese Spannung setzt sich im Verhältnis von Handlung und Symbol fort. Man denke nur an das Ritual eines jährlichen Strategiemeetings oder einer Hochzeitszeremonie, beides Beispiele von Ereignissen, welche einem klaren Skript folgen – und doch finden wir in diesen ritualisierten Handlungen Momente unseres persönlichsten Ausdrucks und unserer individuellsten Entscheidungen. Ein Gebet gibt den Inhalt vor und doch geht es individuell auf die je spezifische, persönliche Situation ein. Cassirer beschreibt diese Eigenheit des Symbols, wenn er ausführt, dass im Symbolischen jede Reproduktion (jede Abbildung) zur Produktion, zum aktiven Tun wird. Ein Symbol ist niemals im »Read only«-Modus; es ist immer im »Read and write«-Format, ein Zeichen, das Zutun braucht, ein Lesen, das Leben erfordert. Das Symbol ist, so Cassirer, immer Entdeckung *und* Erfindung oder in Joseph Campbells Worten »energy-evoking and -directing agent«. Es ist ein »catapult to be left behind«, ein Werkzeug der Metamorphose, das subjektive Sinne reizt, um objektive Zustände zu erreichen.[90] In diesem Spiel mit An- und Abwesenheit, mit Sinn und Sinnlichem liegt die Kraft des Symbolischen. Symbole sind die Katalysatoren kollektiven Handelns, weil sie konkrete Erfahrung auf abstrakte Werte hin beziehen. Vermittelt durch das Symbol wird das Individuum durch seine Sinne Teil von etwas Größerem, etwas Sinnhaftem. Das Symbol verbindet Tat und Wort, Individuum und Gesellschaft.

Daher folgert Cassirer: Wir sind ein *animal symbolicum*. Uns zeichnet die Verbindung von Sinnlichem und Ideellem, Eindruck und Ausdruck, letztlich von Geist und Körper aus. Symbole sind unsere gesellschaftsspezifischen Nordsterne, die Orientierung im Denken und Haltung im Handeln vermitteln. Ein Symbol stellt Präsenz des Sinnhaften her, es ist Bedeutung, die immer auf etwas Ideelles, Immaterielles hin verweist. Der Nordstern ist des Symbols Symbol: real und doch unerreichbar, sichtbar und doch ganz und gar entrückt und unantastbar, Orientierung ohne Zielvorgabe.

Strategie in Bewegung

Soziale Bewegungen und andere Formen dezentraler, kollektiver Organisation illustrieren die strategische Macht des Symbolischen.[91] Bewegungen (wie Lawrences Beduinen in der Wüste, die wir im nächsten Kapitel treffen werden) leiden an einem Mangel an Ressourcen und formalen Strukturen. Oft treten sie gegen übermächtige Feinde an, die mehr Macht (und Gewalt) entfesseln können als sie. Was eine Bewegung strategisch macht, was ihr kollektive Intention und kohärente Organisation gibt, sind Symbole, die ihr als Nordstern den Weg in die Zukunft zeigen: Greta Thunberg ist nicht nur Aktivistin, sondern auch Symbol einer Generation, die den Klimawandel ernster nimmt als die vorherige. In seinem ersten Wahlkampf scharte sich eine Bewegung um Obama, die in ihm ein Symbol für gesellschaftlichen Wandel sah.[92] Oder, um ein Beispiel aus der Welt der Wirtschaft zu nehmen: Apple-Gründer Steve Jobs

> *»exemplified the strategist as activist crusading for a new identity, and early Apple embodied the insurgent identity of the personal computing movement: it opposed corporate computing managed by a priesthood and instead sought to enhance the personal autonomy of end-users by democratizing access to computers. This oppositional identity defined what was morally permissible and impermissible at Apple under Jobs, mobilized people early on to defeat IBM (the symbol of corporate computing), turned customers into fans, and fostered confidence and excitement in the rank and file.«*[93]

Jobs und Mitbegründer Steve Wozniak waren beide Mitglieder des Homebrew Computer Clubs, einem Treffpunkt für Nerds, Geeks und IT-Freaks, die im Computer das Potenzial eines Persönlichkeitsinstruments (und nicht eines Industrierechners) sahen – daher der Verweis auf Homebrew, das selbst gebraute Bier. In anderen Worten:

> *»Identity defined what Apple would do and would not do. In this sense, strategy at Apple was not a statement of what we are good at, or what position we seek to acquire but echoed the identity of the personal computing movement. [...] This insurgent identity is now manifested in an aversion to strategy speak or detailed analysis, and a veneration of prototypes and user experience.«*[94]

Wie eine Bewegung fordert auch ein Entrepreneur den Status quo heraus, verschließt sich den gängigen Konventionen und eröffnet Alternativen. Um dies zu ermöglichen, brauchen Bewegungen und agile Unternehmungen Symbole, an denen sie sich ausrichten. Nur dank der Symbole werden aus strategischen Analysten Aktivisten, aus Käufern Fans, aus Stakeholdern Advokaten, die gemeinsam Veränderung bringen. Als Beispiel für die symbolische Deutungshoheit von Apple über ein Produkt, das an sich ziemlich kühle Technologie ausdrückt, sei auf den kurzen Werbefilm zum damals neuen Apple-Computer verwiesen, der nur ein Mal zum Superbowl 1984 gezeigt wurde. Den Rechner selbst zeigt der Film nicht, dafür eine Auswahl an Symbolen, von der Referenz zu Orwells *1984* hin zu Ausdrücken von Feminismus, Individualismus und Kreativität.[95] Apple wurde zu einem

Symbol eines »guten«, »befreienden« Kapitalismus, in dem man vom Apfel des Baums der Erkenntnis abbeißen konnte und doch ins Paradies vorgelassen wurde.

Indirekte Strategie

Ziehen wir eine intellektuelle Zwischenbilanz, so finden wir auf der Habenseite die Idee des Nordsterns. Statt alles einem Ziel unterzuordnen, das dann der Implementierung harrt, werden Sinn und Zweck verliehen, die gleich dem Nordstern Orientierung bieten – und zwar ohne die Anmaßung, Handlungsanweisung zu sein. Im Gegenteil bringt der Nordstern maximale Flexibilität und Agilität und koordiniert gleichzeitig kollektives Handeln. Wirksam wird er als Symbol, sinnlich und weithin sichtbar und doch imaginär und niemals erreichbar.

Der Nordstern gibt die Richtung, aber nicht den Weg vor. Das bedeutet, dass die Verbindung von Nordstern hin zu konkretem taktischem Handeln indirekter Natur ist. In einem schlauen kleinen Buch hat John Kay das Prinzip der »Obliquity«, also etwa der Schiefe, Verirrung oder Schräglage, passend als strategisches Leitbild vorgeschlagen.[96] Kays Kernidee ist, dass Zwecke immer nur indirekt erreicht werden können. Das leuchtet ein, wenn man an seinen eigenen Alltag denkt: Freundschaft, Vertrauen, Liebe, Glück etc. sind allesamt Sinngehalte, die wir im Leben anstreben. Jedoch lassen sie sich immer nur auf Umwegen erreichen, wie John Stuart Mill wusste:

> *»Those only are happy who have their minds fixed on some object other than their own happiness [...] aiming thus at something else, they find happiness by the way.«*[97]

Diese indirekte Strategie gilt freilich auch für gute Forschung, spannende Innovation und allerlei andere Dinge. Der Fokus auf ein Resultat, ein Ziel, ist hierbei meist störend und kontraproduktiv. Nochmals mit Viktor Frankl:

> *»Strebe nicht nach Erfolg. Je mehr Sie darauf zielen und es zu einem Ziel machen, desto mehr werden Sie es vermissen. Denn Erfolg kann ebenso wie Glück nicht verfolgt werden; es muss folgen, und es tut dies nur als unbeabsichtigte Nebenwirkung des persönlichen Engagements für eine größere Sache.«*

Diese »größere Sache« ist kein Punkt auf einer Karte, keine Ziellinie in einem Wettrennen. Nein, die größere Sache gleicht einem Nordstern, der wie ein Symbol weit oben am Firmament steht und doch so sichtbar, so allgegenwärtig ist, dass wir uns an ihm orientieren können und er unser kollektives Handeln anleitet.

AM ANFANG WAR DIE TAT: EIN LOB DER TAKTIK

Guerilla Warfare oder warum kleine Kriege große Dinge über Strategie verraten

Die verkopfteste Form von Strategie stellten zweifelsfrei die Szenarien des Kalten Krieges dar. Das ganze Arsenal strategischen Denkens führte in die Sackgasse der Spieltheorie, an deren Ende die Immobilisierung der Kräfte stand. *Mutually Assured Destruction* gebot den Aufbau ungeheurer militärischer Macht, deren einziger Nutzen in ihrem Nichtgebrauch bestand. Das entfesselte Potenzial der vollständigen gegenseitigen Zerstörung garantierte die absolute Selbstfesselung. Das vollkommen immoralische Zerstörungspotenzial wurde zum Garanten moralischer Restriktion. Irrationales Verhalten verwandelte sich angesichts der Rationalität der Gegner in eine durchaus rationale Handlungsoption. Und umgekehrt führte eine rationale Strategie zu irrationalen Resultaten. Kein Zweifel, während des Kalten Krieges hatte die strategische Vernunft den Verstand verloren.[98]

Ganz anders die Situation, in der zwei ungleiche Gegner aufeinandertreffen. Hier ist die eigentliche Frage, wie ein Gegner aus einer Position der Schwäche heraus effektiv werden kann. Eine Übermacht droht den Gegner zu überrollen, wer aber aus einer Situation der Schwäche heraus agiert, muss strategisch denken und handeln. In solchen Situationen der Ungleichheit finden wir genuin strategische Herausforderungen: Was tun, wenn das Terrain unfest, die Aufgabe gewaltig, der Feind übermächtig ist? Wie kann in einer solchen Situation Strategie Gestaltungsspielräume eröffnen? Wie kann sie das Ungleichgewicht der Kräfte austarieren? Oder mit dem englischen Militärhistoriker Lawrence Freedman gefragt: Wie kann Strategie Macht erzeugen?[99]

Während des Ersten Weltkriegs fand Thomas Edward Lawrence alias Lawrence von Arabien eine Antwort im Treibsand der Wüste des Nahen Ostens.[100] Er führte eine arabische Bewegung gegen die mächtige türkische Armee an. Seiner Bewegung fehlte es an Waffen, Training und vor allem an Disziplin. Die Beduinen, die Lawrence zu koordinieren versuchte, waren nicht an Befehlsketten und von langer Hand geplante Operationen gewöhnt. Aber sie hatten andere Stärken, wie Beweglichkeit, Schnelligkeit, lokales Wissen, Mut. »Our cards were speed and time, not hitting power«, erkannte Lawrence am Anfang des Konflikts. Auf diesen Stärken aufbauend, überdachte er seine Strategie. Unter seiner Führung wurden Zerstreuung, Verbreitung, sogar temporäre Auflösung zur Stärke: »dispersal was strength« und »maximum disorder was our equilibrium«, so seine Philosophie. Seine Bewegung war eine seltsame Kreatur, keine militärische Maschinerie, aber auch kein unorganisierter Haufen herumstreunender Banditen, sondern etwas anderes, etwas Agiles, Dezentrales und dabei doch Zweckgerichtetes:

> *»Suppose we were (as we might be) an influence, an idea, a thing intangible, invulnerable, without front or back, drifting about like a gas? Armies were like plants, immobile as a whole, firm-rooted, nourished through long stems to the head. We might be a vapour, blowing where we listed. Our kingdoms lay in each man's mind, as we wanted nothing material to live on, so perhaps we offered nothing material to the killing. It seemed a regular soldier might be helpless without a target.«*[101]

Die Bewegung ist ein Destillat, reine Essenz, ungreifbar wie Dampf *(vapour)* und allgegenwärtig wie eine Idee, deren Zeit gekommen ist. Im Unterschied dazu gleicht die türkische Armee einem eisernen hierarchischen Gefüge. Den Beduinen wird die Wüste zum Ozean und ihre Kamele sind ihre Schnellboote, wie Lawrence schreibt. Erfolg im Kampf ist sekundär, denn der Kampf soll, wenn und wo immer möglich, vermieden werden. Ihre Aufstellung besteht nur aus Flanken, ohne eine Front anzubieten. Das Ziel ist Sieg ohne Schlacht, sie führen einen »war of detachment«, der Devise folgend: »defend nothing, shoot nothing«.[102] Der entscheidende Vorteil der Bewegung liegt in ihrer Geschwindigkeit, nicht in der physischen Zerstörungskraft. Und wenn sie eine kriegerische Auseinandersetzung nicht vermeiden kann, so wird der Kampf in die Länge gezogen, seines Höhepunkts beraubt, absichtlich unübersichtlich gestaltet. Kämpfen gleicht »eating soup with a knife«, schreibt Lawrence.[103] Das entstehende Chaos setzt der hierarchischen Armee der Türken mehr zu, als die alten Flinten der Beduinen es jemals hätten leisten können.

Diese Art der irregulären Kriegsführung ist allerdings sehr anspruchsvoll. Eine reguläre Armee kann man kommandieren, aber etwas Flüssiges, Gasförmiges wie eine Bewegung, die aus semiautonomen Wüstenschiffen besteht, lässt sich nicht einfach steuern. Lawrence ist sich über die intellektuelle Herausforderung, die in der Führung eines solchen losen Verbands liegt, vollkommen im Klaren:

> *»Irregular warfare was far more intellectual than a bayonet charge [...]. Guerillas must be allowed liberal work room: in*

irregular war, of two men together, one was being wasted. Our ideal should be to make our battle a series of single combats, our ranks a happy alliance of agile commanders-in-chiefs.«[104]

Führen und Entscheiden verwandeln sich in dezentrale Prozesse. Weil Umstände, Situationen, Kontexte immer erneut abgewägt werden müssen, kann keine Befehlskette lokales Handeln von oben herab bestimmen. Entscheidungen müssen gerade dann dezentral getroffen werden, wenn der Nebel der Ungewissheit am dichtesten ist. In der ungeheuren Weite der Wüste ist Kontrolle unmöglich, ein zentrales Kommando undenkbar. Deshalb insistiert Lawrence auf seiner »alliance of agile commanders-in-chiefs«, oder wie man heute sagen würde: auf distribuierte, kollektive Intelligenz, die durch Kontext und nicht durch Kontrolle gesteuert wird.

Die Aufgabe des Führens wird für Lawrence dadurch aber keineswegs einfacher. Taktische Erfolge müssen auf einen Zweck hin gebündelt, auf einen Nordstern hin ausgerichtet werden, um einen Effekt jenseits des Augenblicks zu erzeugen. Lawrences Führungsmantra: »I combined their [gemeint sind die Beduinen] loose showers of sparks into a firm flame: transformed their series of unrelated incidents into a conscious operation.«[105] Das ist entscheidend: Eine herbeigeführte Entgleisung eines Nachschubzugs ist ein Akt der Sabotage. Aber auf den Zweck der Bewegung ausgerichtet, wird er zum Symbol der Unfähigkeit des Gegners, das Land zu beherrschen. Für Lawrences Beduinen wird die Entgleisung zum Symbol ihrer Entschlossenheit und ihrer Fähigkeit, immer neue Angriffsziele zu identifizieren, ohne selbst allzu viel zu riskieren. Entscheidend für den Ausgang der Konfrontation ist, dass all die verstreuten An- und Übergriffe der Beduinen, die sich aus Opportunismus und Aktionismus speisen, kumulativ miteinander eine Wirkung erzeugen. Ein entgleister Zug ist ein Haufen verbogenes Metall; um es in einen Sieg umzubiegen, muss es auf einen Zweck hin gedeutet werden. Dieser Prozess der Transformation von »unrelated incidents into a conscious operation« ist es, der aus der »loose showers of sparks« eine »firm flame« macht, die wie ein Nordstern hell am Firmament leuchtet. Wir sehen darin die Rolle des Strategen angelegt. Nach Lawrence liegt die Aufgabe des Strategen in dem Gebrauch der lokalen Handlungen für den Zweck des Krieges. *Highly aligned, loosely coupled*: Lawrence schreibt keinen Plan, den er den Beduinen zur Implementierung übergeben könnte; vielmehr erkennt er ein Muster in der Unzahl lokaler, dezentraler Handlungen, verknüpft es zu einem Narrativ und bezieht es auf einen Zweck hin. Funken werden zur Flamme, Aktionen verdichten sich zu Narrativen, Tat wird Wort, Handlung ergibt Sinn.

Wüste, überall

Was sich seit Lawrences Beschreibung seiner Bewegung abzeichnete, ist ein steigendes Interesse an dezentralem, agilem Handeln, das sich jenseits von *Command und Control* entfaltet. An die Stelle des hierarchischen Prinzips Ziel – Plan – Implementierung tritt die Denkfigur von Nordstern – Taktik – verbindende Brücke. Diese Aufwertung der Taktik führt dazu, dass Bewegung, wie Lawrence sie aus einer Situation der Schwäche heraus beschrieb und betrieb, zum Vorbild der eigentlich Mächtigen wird.

Man nehme nur die Britische Intervention in Malaysia (1948–1951) und den US-Krieg in Vietnam (1964–1975) als Beispiele. Wie John Nagl in seinem Buch mit dem Lawrence'schen Titel *Learning to Eat Soup with a Knife* schreibt, waren die Briten in ihrem Engagement erfolgreich(er), weil sie dezentral, agil und situativ handelten. Ihnen wurde die politische Natur der Auseinandersetzung bald klar, was sie zu der Einsicht brachte, dass der Krieg nicht mit Bomben zu gewinnen war. Die eigens eingerichtete *Jungle Warfare School* setzte sich das Ziel, Soldaten auszubilden, die nicht nur Krieg, sondern auch »Frieden« führen konnten. Die Briten entwickelten mit ihrer *Ferret Force* kleine, versatile autonome Einheiten, die aus Soldaten und Zivilisten bestanden, die die Guerilla mit ihren eigenen Mitteln bekämpften. Dieses Umdenken fand Ausdruck im Manual *The Conduct of Anti-Terrorist Operations in Malaya*, das militärische, aber eben auch politische, soziale und kulturelle Elemente untersuchte und deren Zusammenspiel unterstrich. Nagl zitiert einen hohen Militär, der Lernen und Wissen in das Zentrum militärischen Handelns rückt: »Intelligence was absolutely the most supreme requirement. Everything else what we did was geared towards producing intelligence.«[106] Diese Kriegsführung glich der Lawrence'schen Doktrin (wenn man es denn so nennen möchte). Dabei ist taktisches Geschick absolut essenziell. Dieses aber erfordert im Gegenzug lokalen Handlungsspielraum, ein hohes Maß an Autonomie, dezentrale Steuerung und einen weithin sichtbaren Nordstern, der in unterschiedlichsten Situationen Orientierung bietet.

Strategisches Denken, das sich ganz und gar auf Taktik einlässt, findet seine bis dato letzte Ausformulierung im gleichen

Wüstensand, indem es Lawrence erstmals skizzierte. Der US-General Stanley McChrystal fasst in einem bemerkenswerten Buch seine Erfahrungen als Verantwortlicher der *Joint Operations Task Force* im Irak Anfang der 2000er-Jahre zusammen.[107] Aus US-Sicht war der Ausgangspunkt klar: auf der einen Seite die besttrainierte und höchstgerüstete Militärmaschine der Welt, die mit ungeheurer Effizienz auf ihr Ziel hinarbeitet. Auf der anderen Seite al-Qaida, ein Haufen Kleinkrimineller, Verbrecher und Terroristen, ohne Training, Equipment und Organisation. Und doch gelingt es McChrystal und seinen Truppen nicht, den Feind zu besiegen. Woran konnte das liegen? Hier wird McChrystals Analyse spannend. Er identifiziert »Management« als größten »limfac« (kurz für *limiting factor*): »Managerially, AQI was flanking us«, schreibt er, und weiter: Al-Qaidas Vorteil gegenüber den US-Kräften bestand in einer »revolution in the mundane art of management«.[108] Was er damit umschrieb, war das Zusammenspiel aus dezentraler, lokaler und agiler Taktik, dem Nordstern, und dazwischen einer Strategie, die es verstand, aus vielen Funken eine beständige Flamme zu machen. McChrystal vergleicht diese (für ihn) neue Strategie mit Start-ups des Silicon Valley und Wikipedia – dezentralen Netzwerken, in denen kleine und kleinste Einheiten taktisch autonom agieren, ohne den gemeinsamen Zweck zu vergessen. Als Antwort baut McChrystal seine Einheiten in ein flexibles, dezentrales Netzwerk um, das er folgendermaßen beschreibt:

> *»an ecosystem of shared information similar to crowdsourced solutions, just like the architecture of adaptive, evolving Websites like Wikipedia, which share massive quantities of information among all users and give individuals authority to alter the system.«*[109]

McChrystal gibt das »Operations and Intelligence«-Briefing als Beispiel für seine radikale Umorganisation. Er öffnet das zuvor geschlossene »Operations and Intelligence«-Briefing, in dem die Wege von Wissen zu Entscheidung und Handlung (und zurück) zu lang waren, um mit der Agilität und Dynamik des Gegners mithalten zu können. Das Problem an einem Beispiel verdeutlicht: Bei einer Hausdurchsuchung wird ein Computer gefunden. Bis das Analystenteam die Datenauswertung vollzogen, die Information weiterkommuniziert hat und eine Entscheidung über mögliche Interventionen getroffen wird, sind die Daten schon passé. Hier setzt McChrystal an: Das Briefing wird zu einem »neuralen Netzwerk«, in dem Kognition eine verzweigte, verteilte Angelegenheit zwischen bis zu 7000 Teilnehmern wird.[110] Damit wird die Schleife zwischen »eyes« und »hands on the grounds« geschlossen: Intelligenz übersetzt sich unverzüglich in Intervention und Intervention bringt neue Einsichten auf den Tisch. Dieser Zirkel wird zum »Nervensystem« der gesamten Operation. Dahinter steckt freilich weniger eine »neue« Strategie als vielmehr eine Clausewitz'sche Form von Strategie, die sich eng mit taktischem Handeln verzahnt. Für McChrystal ist es letztlich eine neue Struktur, eine Architektur, die wirkungsvolles Handeln ermöglicht: *Nicht der Plan, sondern die Struktur ist die eigentliche Strategie.*[111] Wir sind hier meilenweit entfernt von den vermeintlichen Lehrbuchweisheiten der Strategie, wonach die Struktur der Strategie (oder die Form der Funktion) folgen soll. Die neue Architektur eröffnet Verbindungen, erlaubt Rückschlüsse, schafft zuallererst ein Netzwerk, das agil und situativ agiert. Taktik und Strategie sind auf Augenhöhe angelangt. Oder wie es Clausewitz kryptisch andachte: Die

Strategie kann nie ihre Hand vom »rollenden Werk« des taktischen Handelns abziehen und empfängt ihre Aufgabe von der Taktik.

Taktik und Strategie

Was meinen Clausewitz (und nach ihm Lawrence oder McChrystal) mit dieser Denkfigur? Für sie besteht die Taktik im Gebrauch der militärischen Mittel auf dem Schlachtfeld. Strategie ist der Gebrauch der Kampfhandlungen für den Zweck des Krieges. Die Strategie als Plan gedacht, muss im Angesicht radikaler Unsicherheit scheitern. Das Verhältnis zwischen Strategie und Handeln hat nichts mit Implementieren zu tun. Allein die Taktik kann sich im Nebel des Ungewissen zurechtfinden. Die Taktik und ihr Geschick auf dem Schlachtfeld erzeugt den Rohstoff für Strategie; die Strategie aber kann nicht am Schreibtisch verharren, sondern muss

> *»mit ins Feld ziehen [...], um das Einzelne an Ort und Stelle anzuordnen und für das Ganze die Modifikationen zu treffen, die unaufhörlich erforderlich werden. Sie kann also ihre Hand in keinem Augenblick von dem Werke abziehen.«*[112]

Strategie geht im Gleichschritt mit der Taktik, ist nicht dem Handeln vorgelagert und versucht auch nicht, es vorab zu bestimmen. Clausewitz schickt die Strategie mit ins Feld, wo sie sich selbst modifizieren und erneuern muss. Damit erhält die Strategie ihre Aufgabe von der Taktik, wie Hew Strachan erläutert:

> *»Tactics, in other words, shaped strategic outcomes. [...] [Clausewitz'] definition of the relationship between strategy and tactics,*

which made strategic success conditional on tactical success, meant that tactics lead and even dominate strategy.«[113]

Strachan verwendet die Schlacht bei Jena als Illustration. Was auf dem Schlachtfeld geschah, war Resultat von Taktik. Aber wie der Ausgang der Schlacht für den Zweck des Krieges verwendet wurde, war Sache der Strategie:

»Strategy was what gave fighting significance; it exploited success on the battlefield and it created the conditions for the next battle, while victory itself was gained through combat and therefore was a matter of tactics«.[114]

Auf eine Formel gebracht: Taktik liefert den Rohstoff der Strategie, ohne taktischen Erfolg ist Strategie nichts als Aspiration. Taktik ohne Strategie jedoch bleibt auch ohne Wirkung. Die USA und ihre Verbündeten konnten noch so viele Schlachten in Afghanistan gewinnen, den Krieg verloren sie dennoch.

Was wir hier mit Clausewitz beobachten, ist, wie sich das Verhältnis von Taktik und Strategie dreht: Taktik ist nicht der Erfüllungsgehilfe der Strategie, nicht das Implantat, das den Raum zwischen Gegenwart und Zukunft ausfüllt. Im Gegenteil, die Taktik wird zum Motor der Strategie. Mit Colin Gray formuliert, bedeutet Strategie im »Tun« taktisches Handeln, oder anders gesagt: Strategisches Handeln ist ein Oxymoron, denn Handeln ist immer von Takt geprägt. Allein der Effekt einer Handlung kann strategische Wirkung erzeugen, und zwar dann und nur dann, wenn Handlungen auf Zwecke hin mobilisiert werden.

Wie Lawrence sagt, ist jede Handlung ein kleiner Funke, und die Aufgabe des Strategen ist, diese Funken in eine stete Flamme zusammenzuführen und sie so zu bündeln, dass sie auf einen gemeinsamen Zweck einzahlen. Die Überfälle, die Akte der Sabotage, die Scharmützel, all das, was seine Nomaden in der Wüste anrichten, ist militärisch gesehen wenig machtvoll. Doch die Macht liegt im strategischen Gebrauch der Handlungen für den übergeordneten Zweck – die Unabhängigkeit. Die Taktik, und nur die Taktik, ist das »Tun« dieses Zweckes.

Clausewitz und nach ihm vor allem der deutsche General von Moltke wussten, dass Taktik Handlungsspielraum braucht. Für Moltke war Strategie keine Wissenschaft, sondern ein »System von Notbehelfen«, welches niemals mit Sicherheit den Ausgang einer Auseinandersetzung bestimmen kann. Kampfhandlungen sind so komplex und vom Nebel des Krieges verhüllt, dass wir uns nach ihrem Ende vor komplett neue moralische und materielle Wirklichkeiten gestellt finden. Daher, so Moltke, überlebt kein Plan die erste Feindberührung. Ebenso wichtig wie dieses viel zitierte Bonmot ist jedoch der folgende, oft übersehene Satz, den Moltke hinterherschießt: Krieg ist folglich auch niemals die Exekution eines vorab gefassten Plans, sondern besteht immer aus mehr oder minder spontanen Handlungen. Diese Handlungen werden vom »militärischen Takt« dirigiert.[115]

Noch einmal am Beispiel von Apple verdeutlicht: Viele Firmen entwickeln neue Technologien, aber nur wenige schaffen es, mittels einer Produktinnovation ihre Unternehmensphilosophie zu revitalisieren. Das Produkt wird zum Symbol, das auf eine

Zukunft verweist, die weit mehr ist als die technologische Innovation im Produkt. Steve Jobs war sich dessen sehr wohl bewusst. Er war ein Stratege, aber eben nicht, weil er seitenlange Dokumente oder vielschichtige Pläne verfasste, sondern weil er ganz *hands on* bei der Entwicklung des iPhones mitwirkte. Er wusste, dass ein Produkt wie das iPhone eine strategische Wirkung entfalten konnte. Aber diese Wirkung musste vom Realen nach außen gehen und nicht umgekehrt von einer imaginären Zukunft nach unten tropfen. Daher seine extreme Konzentration auf das Produkt, auf das Tun, auf das Handwerk.[116]

Das heißt nun aber auch, dass die Taktik nicht die untergeordnete Rolle spielt, die ihr der Stratege gern zuweist – nämlich die der Ausführung im Kleinen, Nebensächlichen, Unwichtigen. Die Taktik ist nicht die kleine Schwester der Strategie. Vielmehr ist sie der eigentliche Schrittmacher und dem Strategen bleibt nichts anderes übrig, als »mit ins Feld zu ziehen«, um sich den ständig sich ändernden Umständen und Herausforderungen zu stellen, wie Clausewitz sagt. Der Stratege muss sich der Taktik, dem Gefecht nähern, sich darauf einlassen, um so von ihm »das rollende Werk in Empfang zu nehmen« (Clausewitz). Der entscheidende Punkt ist, dass das Werk selbst, das Gefecht, nur die Taktik entscheiden kann. Wer glaubt, das Gefecht folge einer Strategie, einem vorab gefassten Plan, irrt sich gründlich. Was zeichnet aber gute Taktik aus?

Fingerspitzengefühl

Während Clausewitz die letzten Jahre des 18. Jahrhunderts in der Garnison Neuruppin verbringt und über die Französische Revolution nachdenkt, schreibt Immanuel Kant im 600 Kilometer entfernten Königsberg an seiner *Anthropologie*.[117] In ihr analysiert Kant die menschlichen Sinne. Dabei stellt sich der Tastsinn oder der »Takt« als der direkteste aller Sinne heraus: Mit dem ihm eigenen Fingerspitzengefühl ertastet der Takt ein Objekt von unterschiedlichsten Seiten. Während die anderen Sinne (allen voran der Sehsinn) einen Ausdruck des Objekts im Kopf formen, schafft allein der Tastsinn einen direkten Eindruck. Er erspürt die Gestalt der Dinge um uns unvermittelt, ist ein Modus des Erkennens und Lernens, der anders funktioniert als abstraktes Denken. Kant gibt das Beispiel eines Organisten, der nicht am Schreibtisch sitzend im Kopf eine neue Melodie erprobt. Vielmehr spielt er auf der Orgel, er greift in die Tasten und dadurch – und nur dadurch – entwickelt er eine neue Melodie. Der zentrale Punkt: Im Takt sind Kognition und Aktion miteinander kurzgeschlossen. Invention und Intervention sind Teil desselben Prozesses. Denken und Tun beziehen sich unmittelbar aufeinander. Im Unterschied dazu braucht analytisches Denken Abstand; rein implementierendes Handeln braucht klare Anweisung. Takt hingegen ist ein Modus des Denkens *und* Handelns, der sich aus den Umständen heraus speist, der sich erst im Engagement mit der Welt formt. Takt ist das Gegenteil des Modells, das von der Welt abstrahiert: Sein Vorgehen liegt im Fingerspitzengefühl, nicht in der verkopften Abstraktion.[118]

Die Sozialgeschichte des Taktes erweitert dessen Repertoire von kreativem zu kollektivem Handeln.[119] Takt als Fähigkeit, unbekannte soziale Arrangements zu lesen und mit ihnen spontan umzugehen, taucht erstmals zum Zeitpunkt der Französischen Revolution auf – in einer Zeit also, in der das jahrhundertalte Sozialgefüge der französischen Monarchie auseinanderbricht und niemand seinen Platz in der Gesellschaft mehr aus der Tradition heraus oder von Normen her ableiten kann. In den Revolutionsjahren muss sich jeder »tastend« durch die Gesellschaft bewegen, immer bereit, seine Einstellung oder sein Urteil anderen gegenüber zu hinterfragen und gegebenenfalls zu ändern. Takt wird also in jenem Moment, in dem Situationen uneinschätzbar und Akteure unabschätzbar werden, zu einer entscheidenden Sozialkompetenz. Er basiert nicht auf vorab definierten sozialen Kategorisierungen und nicht auf kognitivem Kalkül – Takt ist gleichzeitig Ausloten und Erkunden, handelndes Denken und intelligentes Herantasten an Unbekanntes. Wer Takt beweist, handelt nicht nach Regeln (das wäre der Anstand) und folgt auch nicht Konventionen (das wären Manieren). Takt zeigt, wer Unvorhergesehenes versteht und sein Handeln im selben Moment anpasst. Takt ist, so fasst es der Philosoph David Heyd, weder Ethik noch Etikette, weder eine Charaktereigenschaft noch eine Verhaltensregel, vielmehr die Fähigkeit, Text und Kontext, Situation und Erwartung, Fremdes und Bekanntes aufeinander zu beziehen und in dessen Mitte Handlungsoptionen auszuloten. Oder etwas abstrakter formuliert: Takt ist die kürzeste Brücke, die die Sinne und die Vernunft miteinander verbindet. Takt ist eine Schleife, die den Kopf mit der Welt, das Innen mit dem Außen rückkoppelt. Wegpfeiler des Handelns, Geländer des Denkens, niemals Formeln oder Modellen folgend, immer auf der Suche nach Resonanz zwischen Aktion und Reaktion, Ich und Welt, Gegenwart und Zukunft. Takt, das ist die Bewegung der Schleife.

Nur nebenbei bemerkt, wird mit dieser Konzeption des Taktes ein *faux pas* vieler gegenwärtiger Entscheidungstheorien vermieden. Diese stellen (wie der Psychologe Gerd Gigerenzer oder ähnlich Gary Klein mit »gut instinct«, Malcolm Gladwell mit »blink« oder Daniel Kahneman mit »thinking fast«) »Bauchentscheidungen« verkopften Analysen gegenüber und preisen sie in höchsten Tönen. In ihrer Kritik am *Rational Choice Model* schütten die Autoren allerdings das Kind mit dem Bade aus. Takt vermeidet eine solche Polarisierung und bleibt in der Spannung zwischen Analyse und Aktion, Kopf und Bauch. Takt ist Engagement mit der Situation, um minimale Führung in Situationen maximaler Unsicherheit zu finden. Takt ist die Schnittstelle von Entscheidung und Entdeckung, Erfahrung und Experiment, Finden und Erfinden.

Über die allmähliche Verfertigung der Gedanken bei Reden: Kleist

Während Kant den Raum des Taktes und Clausewitz den der Taktik erkunden, bringt ein dritter, militärisch gedrillter und poetisch versierter Kopf seine Gedanken zu Papier. Heinrich von Kleist erlebt im Winter 1800 seine eigene, tiefe Disruption.[120] Dafür macht er seine Kant-Lektüre verantwortlich, in der aus Kritik Krise wird. Verzweifelt schreibt Kleist an seine Verlobte:

»Wenn alle Menschen statt der Augen grüne Gläser hätten, so würden sie urteilen müssen, die Gegenstände, welche sie dadurch erblicken, sind grün und nie würden sie entscheiden können, ob ihr Auge ihnen die Dinge zeigt, wie sie sind, oder ob es nicht etwas zu ihnen hinzutut, was nicht ihnen, sondern dem Auge gehört. So ist es mit dem Verstande. Wir können nicht entscheiden, ob das, was wir Wahrheit nennen, wahrhaft Wahrheit ist, oder ob es uns nur so scheint. [...] Mein einziges, mein höchstes Ziel ist gesunken, und ich habe nun keines mehr.«[121]

Wie Clausewitz seine Erfahrungen im »schnellen Strom der Ereignisse in ihren morschen Fugen« zusammenbrechen sieht, so stürzt Kleist in eine Krise der Erkenntnis: Angenommen, wir verstehen die Welt nur aus unserer Perspektive, was für einen Anspruch auf Wahrheit können wir aufrechterhalten? Woran sollten wir ablesen können, was richtig und falsch, gut und schlecht ist, wenn doch alles Wissen durch unsere allzu menschliche Brille eingefärbt ist? Strategisch gewendet: Wo einen archimedischen Punkt für die planende Vernunft finden, wenn alles Wissen perspektivisch, verzerrt und damit notwendig falsch ist? Kleist findet einen Ausweg, indem er das Verhältnis von Denken und Tun taktisch umschreibt. Wenn das Denken keine Sicherheit bringt, kann das Tun nicht zumindest Unsicherheit reduzieren? Mehr noch, kann nicht aus dem Zusammenspiel von Tun und Denken Wertvolles entstehen? Dies ist die Denkfigur, die Kleist in seinem kurzen Text *Über die allmähliche Verfertigung der Gedanken bei Reden* erprobt. Er stellt den Primat des Denkens (Planens) gegenüber dem Sprechen (Handeln) infrage und entdeckt im Zusammenspiel der beiden etwas Neues. Hören wir ihm zu:

»Oft sitze ich an meinem Geschäftstisch über den Akten und erforsche in einer verwickelten Streitsache den Gesichtspunkt, aus welchem sie wohl zu beurteilen sein möchte. Ich pflege dann gewöhnlich ins Licht zu sehen, als in den hellsten Punkt, bei dem Bestreben, in welchem mein innerstes Wesen begriffen ist, sich aufzuklären. Oder ich suche, wenn mir eine algebraische Aufgabe vorkommt, den ersten Ansatz, die Gleichung, die die gegebenen Verhältnisse ausdrückt und aus welcher sich die Auflösung nachher durch Rechnung leicht ergibt. Und siehe da, wenn ich mit meiner Schwester davon rede, welche hinter mir sitzt und arbeitet, so erfahre ich, was ich durch ein stundenlanges Brüten nicht herausgebracht haben würde. Nicht, als ob sie es mir im eigentlichen Sinne sagte; denn sie kennt weder das Gesetzbuch noch hat sie den Euler oder den Kaestner studiert. Auch nicht, als ob sie mich durch geschickte Fragen auf den Punkt hinführte, auf welchen es ankommt, wenn schon dies letzte häufig der Fall sein mag. Aber weil ich doch irgendeine dunkle Vorstellung habe, die mit dem, was ich suche, von fern her in einiger Verbindung steht, so prägt, wenn ich nur dreist damit den Anfang mache, das Gemüt, während die Rede fortschreitet, in der Notwendigkeit, dem Anfang nun auch ein Ende zu finden, jene verworrene Vorstellung zur völligen Deutlichkeit aus, dergestalt, das die Erkenntnis zu meinem Erstaunen mit der Periode fertig ist. Ich mische unartikulierte Töne ein, ziehe die Verbindungswörter in die Länge, gebrauche auch wohl eine Apposition, wo sie nicht nötig wäre, und bediene mich anderer, die Rede ausdehnender Kunstgriffe, zur Fabrikation meiner Ideen auf der Werkstätte der Vernunft, die gehörige Zeit zu gewinnen. Dabei ist mir nichts heilsamer als eine Bewegung meiner Schwester, als ob sie mich unterbrechen wollte; denn mein ohnehin schon

angestrengtes Gemüt wird durch diesen Versuch von außen, ihm die Rede, in deren Besitz es sich befindet, zu entreißen, nur noch mehr erregt und in seiner Fähigkeit, wie ein großer General, wenn die Umstände drängen, noch um einen Grad höher gespannt.«[122]

Kleist weiß, dass man ein kniffliges Problem (etwa eine algebraische Aufgabe) nicht allein durch »stundenlanges Brüten« im Kopf löst. Im Gegenteil, eine kleine Ablenkung, ein paar unachtsam gewechselte Worte mit seiner Schwester helfen ihm, die zur »Fabrikation« seiner Ideen in der Werkstätte der Vernunft notwendige Zeit und den notwendigen Raum zu gewinnen. Ist erst einmal ein Anfang gemacht, findet sich ein Fortschritt und ein Ende durch das Tun selbst. Dazu Kleist: »l'appétit vient en mangeant, und dieser Erfahrungssatz bleibt wahr, wenn man ihn parodiert, und sagt, l'idee vient en parlant«. Oder in unserem Diktum: *le stratégie vient de l'action*. Aus den Umständen (also dem, was das Modell des Planers ausschließt) schöpft Kleist Kraft und Kreativität und vollendet damit sein Werk. Wir sehen eine Schleife, die Handeln und Denken, Taktik und Strategie miteinander verknüpft, einen Anfang in der Mitte macht, um von innen her, rekursiv, Richtung und Stabilität zu erzeugen.

Know what und know how

Allgemein gesprochen, bedeutet Kleists Gedankenexperiment, dass wir durch das Handeln zu Ideen kommen, ganz so, wie der Appetit beim Essen wächst oder Wege beim Gehen entstehen. Nun ist dies ein Affront gegenüber all jenen, die uns weismachen wollen, man solle zuerst denken, dann reden; oder zuerst planen, dann handeln.

In Marvin King und John Kays feinem Buch zum Thema radikale Unsicherheit findet sich eine unterhaltsame Illustration. Ein Forscher der Universität Sheffield namens Carré modelliert, wie der Fußball-Superstar David Beckham seine Flanken mit einem wundersamen Drall Richtung Tor zirkelte. Hier die Analyse im Originalton:

> *»the spin Beckham had imparted meant that the ball moved three meters laterally, from one side of the goal to the other, in the course of its forward progress. It then dipped into the top left corner of the goal towards the end of its flight because the airflow changed from turbulent to laminar mode, increasing drag by more than 100%. Carré observed that Beckham was instinctively applying some very sophisticated physics calculations to scoring that great goal.«*[123]

Wie Kay und King süffisant anmerken, ist Beckham wohl ein begabter Kicker, sicher aber nicht solch höherer Mathematik fähig. Und umgekehrt weiß Professor Carré zwar, wie der Ball durch die Luft wirbelt, schießen kann er ihn aber trotzdem nicht wie Beckham. Nathan Leamon fasst diesen Sachverhalt in seinem Roman *The Test* folgendermaßen zusammen: Um den perfekten Freistoß zu schießen, muss man offensichtlich nicht wissen, wie man den perfekten Freistoß schießt.

Strategie als Plan und Taktik als dessen Ausführung verhalten sich zueinander wie Carré und Beckham: Der eine beschreibt im Nachhinein, wie der Ball fliegt. Der andere hat längst geschossen, wobei ihm aber verschlossen bleibt, wie er tut, was er tut.

Kleist umgeht dieses Dilemma zwischen Theorie und Praxis, Denken und Handeln, Analyse und Aktion. Er macht einen Anfang auf gut Glück und setzt auf eine Denkfigur, die in der Spannung, dem »Und« zwischen Plan und Wirklichkeit, den Ausweg findet. Im herkömmlichen Denkmodell ist das »Und« das, was Professor Carré vom Profi Beckham unüberbrückbar trennt; Kleists Idee sieht im »Und« den Zwischenraum, in dem sich Ideen und Handlungen gegenseitig inspirieren. Die Taktik ist die Kunst, diesen Raum zu öffnen und ihn zu erschließen.

Auf die Ebene der Organisation übersetzt, findet sich Taktik zunächst und vor allem in der Linie (und nicht im Headquarter, dem »Kopf« der Organisation) – also in all jenen Fachbereichen wie Produktion, Logistik, Forschung, Personalentwicklung, Kommunikation, Markenarbeit, Controlling etc., in denen Expertinnen tagein, tagaus mit Fingerspitzengefühl an spezifische Probleme herangehen. Nun wäre es nicht ratsam, diese Expertinnen am Gängelband der Strategie zu führen. Vielmehr sollen sie wie Lawrences (oder Netflix') Nomaden frei umherschweifen, um dezentral und vernetzt, lokal und agil neue Lösungen und Ideen zu finden. Auf dieser Ebene wird Taktik produktiv, hier treffen spezifische Handlungen auf lokale Umstände, sodass die Funken fliegen, die der Stratege zu einer Flamme vereint.

Der Nordstern, der das Tun der Taktik im Ungewissen anleitet, muss in verschiedensten Kontexten und Situationen sinnstiftend wirken. Er muss Haltung geben. Haltung ist kein Befehl und keine Regel, sondern ein Prinzip, das Halt im Ungewissen vermittelt. Haltung wahren heißt, einer Sache, einem Zweck treu zu bleiben, obwohl man im Voraus nie wissen kann, was das in situ bedeuten mag. Haltung wahren heißt, einem inneren Kompass zu folgen, der sich am Nordstern orientiert. Im Kontext der deutschen Bundeswehr wird diese Haltung mit dem Prinzip der »inneren Führung« beschrieben. Dieses Prinzip wurde nach dem Zweiten Weltkrieg entwickelt und betrifft das Selbstverständnis des Soldaten im Spannungsfeld zwischen militärischem Befehlsempfänger und aufgeklärtem Staatsbürger. Das Leitbild des »Staatsbürgers in Uniform« balanciert die gesellschaftliche Verpflichtung und den Primat der Politik mit der Unvorhersehbarkeit militärischer Aufgaben aus. Kein Regelwerk kann diese Spannung vermeiden, weshalb das Prinzip der inneren Führung im Individuum eine Haltung erzeugt, die die Spannung situativ abarbeiten kann.

Zusammengefasst in einem gedanklichen Kassensturz: Das Lob der Taktik besagt, dass dezentrales, agiles Handeln einen relativ großen Stellenwert einnimmt. Dieser Fokus auf lokalem, kontextuellem Handeln ist essenziell. Weil sich die Welt um uns unsicher, vernetzt und dynamisch entfaltet, müssen wir ihr mit einer ähnlich dynamischen Architektur begegnen. Diese Architektur räumt lokalem Handeln viel Zeit und Raum ein – einem Handeln, das von Takt geprägt ist und in dem Denken und Tun, Entscheiden und Erfinden kurzgeschlossen sind. Strategie »tun« ist immer taktisch, wie Gray sagt: Strategie erhält ihre Aufgabe vom Tun. Oder mit Lawrence: Strategie lässt die Funken fliegen und vereint sie in einer konsistenten, hellen Flamme. Um sich aber nicht aufzureiben oder zu verzetteln, braucht die Taktik einen Nordstern. Aufgabe des Strategen ist, sicherzustellen, dass es in jedem Augenblick eine Sichtlinie *(line of sight)* vom Standpunkt des Akteurs hin zum kollektiven Zweck gibt. Der Nordstern, dessen Aufgabe es ist, Orientierung und Haltung zu vermitteln, muss sichtbar sein und bleiben, um lokales, dezentrales Handeln kollektiv auszurichten. Denn taktisches Handeln braucht Orientierung, um im Korridor relevanter Handlungsoptionen zu bleiben. Lawrences Nomaden wussten um den Sinn und Zweck ihres Kampfes. Ihr Nordstern leuchtete hell am Firmament, und egal, wo sie sich befanden, konnten sie sich vergewissern, ob ihre Handlungen auf den gemeinsamen Zweck einzahlten. Clausewitz folgend, wird dieses Prinzip als Auftragstaktik bezeichnet. Dieses Führungsprinzip definiert den Zweck eines Einsatzes, delegiert jedoch das »Wie« auf die Ebene der Akteure. Damit stattet man lokales Handeln mit Flexibilität und Agilität aus, ohne auf kollektive Ausrichtung zu verzichten.

DREI STRATEGEME

SCHLUSS

Was soll, was kann man einem Strategen mit auf den Weg geben? Wenn es keine Algebra des Handelns gibt, also keine Gesetzmäßigkeiten, die das Handeln anleiten könnten, was kann Theorie dann leisten? Trotz seiner Skepsis einer jeden Formalisierung gegenüber, gibt Clausewitz der Theorie eine gewichtige Rolle. Er schlägt vor, Theorie solle »den Geist des künftigen Führers im Kriege erziehen oder vielmehr ihn bei seiner Selbsterziehung leiten, nicht aber ihn auf das Schlachtfeld begleiten; so wie ein weiser Erzieher die Geistesentwicklung eines Jünglings lenkt und erleichtert, ohne ihn darum das ganze Leben hindurch am Gängelbande zu führen«.[124] Das bedeutet, dass Theorie keine Modelle vom Handeln und schon gar keine Modelle fürs Handeln entwickeln sollte; die Suche nach dem archimedischen Punkt wird endgültig abgebrochen. Was aber Theorie leisten kann, ist, die Urteilskraft und die Vorstellungskraft des Feldherrn zu stärken. Die Schlachten der Griechen und Römer sind immer noch relevant – aber nicht, weil sie uns ein strategisches Modell vorlegen, sondern weil wir in ihnen dieselbe strategische Grundproblematik erkennen, die uns heute umtreibt: Wie lässt sich taktisches, lokales, von Umständen getriebenes Handeln auf einen Zweck (Nordstern) hin bündeln? Und wie kann dieser Nordstern Orientierung im Denken und Haltung im Handeln vermitteln? Folgende drei Strategeme sind kein »Gängelband«, sondern stellen Denkfiguren für die Clausewitz'sche »Selbsterziehung« dar. Im Gegensatz zum Modell, das Antworten suggeriert, sind die Strategeme Briefing-Dokumente für vertiefte Fragestellungen.

Strategem # 1: Kontextualisierung, nicht Modellierung

Im Jahr 457 v. Chr. vervollständigt Perikles die fünf Kilometer lange Festungsmauer, die Athen damals mit seinem Hafen Piräus verbindet. Damit ist Athen vor einem Angriff und einer Belagerung der Spartaner sicher. Mit ihrer überlegenen Flotte orientieren sich die Athener von nun an auf das Meer hinaus. Sie projizieren ihre Macht in den gesamten Mittelmeerraum, in dem sie ihre Verbündeten und Ressourcen finden. Spartas gewaltige Landarmee hat mit einem Schlag, ganz ohne Kampf und Verlust, an Macht verloren. Wie soll man Perikles' Mauer verstehen? Ist sie ein defensives Bollwerk oder ein Akt der Aggression? Für Athen ist sie ein Mittel der Selbstverteidigung, für Sparta ein Misstrauensvotum, denn wer muss sich mit einer Mauer abgrenzen, wenn man unter Freunden lebt? Die Mauer selbst ist nur ein Haufen befestigter Steine; ihr Effekt aber ist immerfort in Bewegung: Befriedung oder Bedrohung? Abschottung vom Land oder Weltöffnung aufs Meer hinaus? Begrenzung oder Freiheit? Die Mauer wird zum Pulverfass, die Lunte ist gelegt und ein Funke genügt, um das alte Griechenland im Peloponnesischen Krieg (431–404 v. Chr.) in Schutt und Asche zu legen.

Die wahre Ursache des Krieges, so John Gaddis, liegt in der Angst der Spartaner und deren Verbündeter vor der wachsenden Macht Athens.[125] Diese Angst ist nicht aus Stein; diese Angst ist der Effekt der Handlungen, die Athen zuerst setzt, dann schlecht kalkuliert und am Ende nicht zu kontrollieren vermag. Es ist dieser

Moment der Transzendenz, in dem ein Stein zum Anstoß wird, in dem die ganze Macht und Ohnmacht der Strategie liegt.

In dieser Urszene liegt auch die Schwierigkeit der Strategie vor uns ausgebreitet. Die Mauer ist ein taktisches Meisterwerk, doch was ist ihr Effekt in Bezug auf den Zweck, den Nordstern, dem die Athener folgen? In der Herstellung dieses Zusammenhangs liegt die Kunst der Strategie: Wie sind Handlungen, die immer nur taktisch sein können, auf einen Nordstern hin zu beziehen, der unerreichbar ist und doch wegweisend wirkt? Oder umgekehrt: Was bewirkt Perikles' Mauer – nicht dann, wenn ein Angriff stattfindet (die Antwort auf diese Frage bleibt im Nebel des Krieges verhüllt: Unterspült starker Regen das Mauerwerk oder macht er ein Erklimmen unmöglich?), sondern bevor es überhaupt zu einem solchen kommt. Perikles' Mauer zeigt, wie irreführend die Idee des Implementierens eines Planes ist (Plan = Athen befestigen; Implementierung = Mauer). Es geht nicht darum, die Zeit zwischen Heute und Morgen oder Wunsch und Wirklichkeit auszufüllen. Und es geht auch nicht darum, Kausalketten herzustellen, die A via B, C etc. implementieren.

Darin genau bestand Clausewitz' Schockerlebnis: *Es gibt keine Algebra des Handelns*, die erlauben würde, Handlungen logisch miteinander zu verknüpfen, um einen vorab definierten Endzustand zu erreichen. Es sind die kleinen und kleinsten Dinge, die uns aus der Bahn werfen, vom Kurs abbringen. Anhaltender Regen und morastiger Boden bei Clausewitz; Chatnachrichten in der österreichischen Politik; ein Virus in der Pandemie; sich rasch änderndes Konsumverhalten bei BlackBerry – es sind solche Umstände, die dem Denken in Kausalketten einen Strich durch die Rechnung machen. Nicht nur, aber vor allem in Krisen stehen die Umstände eben nicht einfach unbeteiligt daneben, während sich der Stratege auf sein Ziel hinbewegt. Nein, die Umstände grätschen in seine Pläne, zwingen zu Modifizierungen, manchmal zu kompletten Kehrtwendungen. Kein Stratege wird je Kontrolle über diese Umstände haben, kein Plan übersteht seine Implementierung (um Moltke zu paraphrasieren). Aber was der Stratege tun kann, was Perikles hätte tun können, ist, sich darauf zu konzentrieren, wie sich eine Vielfalt an taktischen Handlungen auf einen Zweck, auf einen Nordstern hin mobilisieren lassen und dieser wiederum den lokalen Handlungen als Orientierung dient, ihnen Haltung vermittelt. Perikles hätte den Effekt des Mauerbaus verstehen und dann vielleicht steuern können. Dem Strategen geht es immer um mögliche Effekte von Handlungen. Ein solches Denken eröffnet zuallererst den Handlungsspielraum, den die Dyade von Planen und Implementieren immerfort zu schließen versucht.

Daraus folgt, dass Strategie im Gegensatz zur Lehrbuchweisheit nicht aus Modellen gemacht oder gedacht werden kann. Ein Modell ist immer eine Simplifizierung der Realität, ein Fokussieren auf Faktoren, die zählen, und ein Ausblenden von Umständen, die vernachlässigbar erscheinen. Ein Modell ist das implizite Versprechen, dass man von einem archimedischen Punkt aus die Welt aus den Angeln heben kann. Strategie jedoch ist das Gegenteil. Sie liegt im Effekt von Handlungen und dieser Effekt kann in alle möglichen und unmöglichen Richtungen streuen. Athen baut eine Mauer. Der Effekt ist nicht in Stein gemeißelt, sondern entwickelt sich dynamisch, wächst wie Unkraut, schafft Kontext für zukünftiges Handeln. Ein neu erwachendes Sicherheitsgefühl aufseiten Athens, gleichzeitig Verunsicherung bei den Verbündeten, Einschüchterung der Nachbarn, Säbelrasseln Spartas – die Mauer schafft zunehmend jene Bedrohung, auf die sie eine Antwort zu sein vorgab. Weitere Aufrüstung Athens einerseits, Polarisierung der gesamten Region andererseits, diesseits der Mauer sich verschärfende Rhetorik, jenseits Schulterschluss, Präventivschläge etc. – die Effekte überholen die Ursache, Perikles verliert die Kontrolle, Athen schlussendlich den Krieg. Die Mauer, gebaut, um Sicherheit zu bringen, wird zum Grabstein Athens.

Wenn wir hier den strategischen Effekten folgen, so sehen wir eine ungeheure Kontextualisierungsmaschinerie am Werk. Eines führt zum anderen, Schemata bilden sich, Handlungsmuster etablieren sich, Spielräume verengen und erweitern sich manchmal auch wieder. Strategie folgt keinem Modell und keiner einfachen Abfolge, wonach aus einem Plan die Implementierung resultiert. Vielmehr ist Strategie rekursiv, sie bewegt sich in Feedbackschleifen, suchend, tastend, experimentierend.

Athen ist hier freilich ein Platzhalter, der Denkraum für Organisation, Administration oder Politik schafft. Für den Strategen bedeutet Athen, dass er seine kognitive Aufmerksamkeitsstruktur überdenken muss. Fokussieren heißt, Kontext auszublenden. Der Stratege muss jedoch Kontext einblenden. Im Mauerbau des Perikles geht es nicht um die Errichtung der Mauer. Das Problem ist niemals das Problem. Der Stratege braucht eine periphere Vision, ein Auge für Umstände und unvorhergesehene Ereignisse, die auf den Schauplatz drängen. Oder wie der ehemalige britische

Premierminister Harold Macmillan auf die Frage nach der größten Herausforderung für einen Staatsmann antwortete: »Events, dear boy, events.« Mauerbau ist keine Kunst, aber zusammenzudenken, was der Wall von nun an trennt, zu kontrollieren, welche Narrative sich auf beiden Seiten daran in die Höhe ranken, den symbolischen Wert einzufangen – darin liegt eine wahre Kunst, die Kunst des Strategen. Kognitiv ist dies keine kleine Herausforderung, denn den Fokus auf den Kontext zu legen, ist paradox: den Wald vor lauter Bäumen sehen. Oder systemisch gesagt: die Einheit verstehen, die aus der Differenz (Mauer) entsteht.

Handlungstechnisch bedeutet Athen, dass der Stratege indirekt agieren muss. Wer Strategie linear auslegt (Ziel – Plan – Implementierung), wird von den Umständen überrascht wie Clausewitz von Napoleon. Liddell Harts »indirekter Ansatz« denkt andersherum: »In strategy, the longest way round is often the shortest way home.«[126] Komplexe, erstrebenswerte Zwecke, wie etwa Friede, Glück, Demokratie oder nachhaltige Innovation, lassen sich nicht auf direktem Wege erreichen. Sie sind immer Resultat anderer Handlungen, wie John Stuart Mill am Beispiel von Happiness (im dritten Kapitel) zeigt: Happiness ist die Konsequenz von Handlungen, von denen keine an sich »Happiness« heißt. Happiness ist die Konsequenz guter Arbeit, gelungener zwischenmenschlicher Kommunikation, stiller Momente, rauschender Feste, unerwarteter Ereignisse. Was auch immer Happiness mit sich bringt, sie selbst ist ein Resultat von Dingen, Menschen und Handlungen, die nicht Happiness sind. Happiness ist das Muster im Teppich, das, was keinem Faden eigen ist und das doch alle produzieren. Happiness entsteht aus dem Kontext, den man immer nur indirekt steuern kann. Für diese Art der indirekten Steuerung entwarfen der Künstler Brian Eno und der Multimediakünstler Peter Schmidt 1975 ein Set an Karten, das sie *Oblique Strategies* nannten.[127] Auf jeder Karte ist eine Handlungsanweisung oder eine Idee formuliert (wie etwa »Schätze Deinen Fehler als versteckte Intention«), die helfen sollen, in Arbeitssituationen den Kopf immer wieder freizubekommen und das Denken in freiere Bahnen zu lenken.

> *»The Oblique Strategies evolved from me being in a number of working situations when the panic of the situation – particularly in studios – tended to make me quickly forget that there were other ways of working and that there were tangential ways of attacking problems that were in many senses more interesting than the direct head-on approach. If you're in a panic, you tend to take the head-on approach because it seems to be the one that's going to yield the best results. Of course, that often isn't the case – it's just the most obvious and – apparently – reliable method.«*[128]

Was uns wieder zu Perikles' Athen bringt. Eingemauert, spüren die Athener die Panik der Situation. Anstatt den Effekten ihrer Handlungen nachzugehen, sich ihres Nordsterns zu versichern, alle möglichen und unmöglichen taktischen Mittel zu erproben, in Umwegen zu denken und Haltung zu bewahren, stürzen sie sich Kopf voraus in den Kampf, bis sie schließlich fast drei Jahrzehnte später auf einer Insel Hunderte Kilometer westlich von Athen im Kampf ihr Ende finden.

Strategem # 2: Architektur ist Strategie

Ganz anders das Beispiel des Byzantinischen Reiches, das der Militärstratege Edward Luttwak in einem etwas detailverliebten Buch analysiert.[129] Luttwak erzählt die Geschichte des oft vergessenen Imperiums, das nach der Reichsteilung (im Jahr 395) und dem Untergang des Römischen Reichs (476) noch gut 1000 Jahre (bis 1453) Bestand hatte. Dabei war die strategische Ausgangssituation des Byzantinischen Reichs alles andere als günstig. Geografisch exponiert, relativ klein und ohne großes Ressourcenaufkommen oder andere natürliche Reichtümer, war ein auf militärischer Macht basierendes Überlebenskalkül undenkbar. Wenn es nun stimmt, dass die Not erfinderisch macht, so macht die Schwäche strategisch. Eben weil ihre militärische Macht nicht ausreichte, musste Byzanz taktische Handlungsspielräume eröffnen, Allianzen schmieden, mit den Umständen (und manchmal gegen sie) rechnen, indirekt denken – kurzum, es musste strategisch denken. Luttwak beschreibt die resultierende Strategie nicht als niedergeschriebenen Plan (Strategie im Sinne eines Dokuments), sondern als Architektur (Struktur), die auf mehreren Säulen beruhte.

Zum einen investierte das Byzantinische Reich in Training und Ausbildung seiner Soldaten, die von klein auf mit verschiedensten Waffen unter widrigsten Bedingungen zu kämpfen lernten. Während die meisten Angreifer Horden glichen, die wenig organisiert mit ein oder zwei verschiedenen Waffengattungen antraten, waren die byzantinischen Soldaten im Umgang mit Schwert, Bogen, Speer, Schleuder etc. geübt. Diese Flexibilität und Agilität machte sie zu einer veritablen Macht. Trotz dieser Stärke versuchten die Byzantiner, wann immer möglich die direkte Konfrontation zu vermeiden. Für sie bestand der Zweck eines formidablen Heeres in erster Linie darin, abschreckend zu wirken. Der Nichtkampf, das Manöver, die Täuschung ist dem Angriff immer vorzuziehen; Subversion ist der sicherere Pfad zum Sieg als Aggression; und besser Allianzen als Waffen schmieden – so beschreibt Luttwak den *operational code* der Byzantiner. Und wenn sie trotz allem zum Kampf genötigt wurden, ging es nicht um die Zerstörung der gegnerischen Kräfte, sondern darum, sie nur so weit wie nötig zu schwächen. Die Logik dahinter war, dass der Gegner von heute der strategische Partner von morgen werden könnte.

Ebenso wichtig für das langfristige Überleben waren geschickte Diplomatie und Spionage, die mögliche Allianzen erkundeten und Machtungleichgewichte auszutarieren versuchten. Für Luttwak war es dieses Zusammenspiel aus diplomatischen, militärischen, politischen sowie kulturellen Kräften, das Byzanz über Jahrhunderte hin resilient machte. Dieses Zusammenspiel beruhte auf einer Architektur, einer Form des Korrelierens unterschiedlicher Mittel, die auf einen Nordstern hin ausgerichtet waren. Im Kern war es der Nordstern, unerreichbar und doch allgegenwärtig, der die unterschiedlichsten Praktiken und Mittel miteinander verband und kollektivem Handeln Richtung, Zweck und damit Sinn verlieh.

Dieses Zusammenspiel repräsentiert eine Architektur, die kleine Dinge mit großen Ideen, Kontext mit Handlung verbindet. Diese Architektur bildet eine strategische Brücke, von der wir eingangs (mit Clausewitz via Gray) gesprochen haben. Sie ist es, die Lawrence von Arabien und 100 Jahre später US-General Stanley McChrystal in der Wüste des Nahen Ostens fanden. Beide nahmen Abschied von der Idee, dass Strategie die Struktur bestimmen soll, beide versagten sich den Irrglauben, wonach die Funktion die Form bestimmen kann. Beide sahen in einer netzwerkartigen Architektur den eigentlichen Treiber strategischen Handelns. *Nicht der Plan, sondern die Struktur ist die eigentliche Strategie*, schreibt McChrystal und meint damit die kognitive, kulturelle, organisationale Vernetzung am Boden, die seine Truppen taktisch agil machte, aber auch die politische Vernetzung, den Brückenschlag auf einen Zweck, einen gemeinsamen Nordstern hin (der freilich meistens hinter Wolken verborgen blieb).

Die Moral dieser Geschichte? In radikaler Unsicherheit überlebt kein Plan den Eintritt in die Realität. Aber eine robuste Architektur, eine belastbare Beziehung zwischen unterschiedlichen Elementen, die autonom und dezentral agieren, werden aus der Situation heraus einen gemeinsamen Weg finden, solange ihnen ihr Nordstern leuchtet.

Strategem # 3: Strategie als die Kunst, Macht zu erzeugen

Das Byzantinische Reich bietet eine weitere wichtige Lektion: Es war seine Schwäche, seine militärische Verwundbarkeit, die es zum strategischen Denken trieb. Dahinter steckt die Idee, dass Strategie nicht Machtausübung ist, sondern vielmehr die Kunst darstellt, Macht zuallererst zu erzeugen.[130]

Admiral Nelsons Schlacht von Trafalgar (1805) gegen die französisch-spanischen Seestreitkräfte bietet eine gute Illustration dieses dritten Strategems. Trotz Unterlegenheit gewinnt Nelson die Seeschlacht entscheidend. Die Franzosen und Spanier verlieren 22 ihrer 33 Schiffe, während Nelsons 27 Boote intakt bleiben. Sein Sieg läutet das Ende von Napoleons Herrschaft und den Beginn eines Jahrhunderts britischer Seeherrschaft ein. Wie konnte Nelson gewinnen? Er verstand es, seine Position der Unterlegenheit in eine der Stärke zu verwandeln. Wäre er dem Handbuch seiner Zeit gefolgt (wie etwa in der Seeschlacht von Kopenhagen von 1801), so wären die beiden gegnerischen Flotten in paralleler Linie zueinander aufgekreuzt. Von den sich gegenüberliegenden Breitseiten aus hätten die Gegner einander dann aus allen Rohren beschossen. Den Vorteil hätte diejenige Armada gehabt, die mehr Feuerkraft entwickeln konnte: mehr Schiffe, mehr Kanonen, mehr Treffer. Goliath gewinnt gegen David. Und Nelson hätte verloren.[131]

Anstatt dieser *best practice* zu folgen, entschied sich Nelson, im rechten Winkel auf die fein säuberlich aufgereihten Schiffe der französisch-spanischen Flotte zuzusteuern. Anstatt sich also parallel zum Gegner aufzustellen, segelte er in zwei Reihen frontal auf ihn zu. Wie mit zwei Keilen trieb er mit seinen Schiffen die Reihe der Franzosen und Spanier auseinander. Mit diesem taktischen Manöver machte Nelson aus einem Nachteil einen Vorteil. Seine Taktik überraschte und verwirrte den Gegner und mit seinen zwei Keilen trennte Nelson die Verbindung zwischen dessen Schiffen (die sich jeweils vom Heck zum Bug des nächsten Schiffes als Kette organsierten und so kommunizierten). Damit war die Befehlskette in der französisch-spanischen Flotte gebrochen und der Vorteil der militärischen Größe dahin, ja sogar zum Nachteil gewendet, denn das Chaos, das Nelson anrichtete, war eine direkte Folge dieser Größe des Gegners. Unkoordiniert wurden aus den 33 Schiffen der Franzosen und Spanier 33 sich unkontrolliert bewegende Körperteile eines Riesenkraken, der sich selbst nach unten zog. Solchermaßen auseinanderdividiert, verlagerte sich die Schlacht auf einen Kampf von Schiff zu Schiff. Nelson wusste, dass das bessere Training und die Moral seiner Matrosen den Ausschlag zu seinen Gunsten geben würden.

Seine Taktik war freilich nicht ohne Risiko. Denn während Nelsons Schiffe den Franzosen und Spaniern entgegensegelten, gerieten sie unter deren Beschuss, ohne ihrerseits das Feuer erwidern zu können (weil ihre Boote sich ja frontal näherten und die Kanonen nicht nach vorn gerichtet hatten). Umgekehrt erschwerte es der hohe Seegang, der an diesem Tag herrschte, aber auch das mangelnde Geschick der gegnerischen Schützen, den

Bug ihrer Boote, der nur eine relativ kleine Angriffsfläche bot, zu treffen. Entscheidend blieb, dass Nelson dem Gegner seinen Vorteil verweigerte: Die Mehrzahl der Schiffe und Kanonen der franko-spanischen Flotte war nur so lange eine Stärke, solange sie in Kanonenschüssen gemessen wurde. Nelsons indirekter Ansatz machte aus seiner Schwäche seine Stärke. Freilich bedurfte es dazu auch 22 mutiger Kapitäne und Hunderter guter Matrosen. Nelson gab ihnen nur den einfachen Ratschlag mit in die Schlacht: »No captain can do very wrong if he places his ship alongside that of the enemy.« Den Rest vertraute er den taktischen Fähigkeiten und dem Urteilsvermögen seiner Offiziere an, die sie durch den Nebel der Ungewissheit leiten würden.

Nelsons Sieg ist der Taktik geschuldet. Seine Urteilskraft brach mit dem Lehrbuchwissen seiner Zeit und passte seine Handlungen situativ den Gegebenheiten an. Seine taktische Meisterleistung bestand darin, den Gegner seiner Stärke zu berauben und sie gegen diesen selbst zu wenden. Die Franzosen und Spanier hatten sich ihre Kraft mit Gewicht und Schwerfälligkeit teuer erkauft und Nelson verstand es meisterlich, dieses Gewicht auf dem schwankenden Meer in Bewegung zu versetzen, bis es die Schiffe des Feindes nach unten zog.

Die Moral der Geschichte: Ein Vorteil ist nicht, bleibt nicht ein Vorteil. Wie Nelson auf dem Meer, so erzeugte Lawrence in der Weite der Wüste Macht, indem er den Feind gezielt seiner Vorteile beraubte (keine direkte Konfrontation, überhaupt keine Front, sondern nur Flanke sein) und seine eigenen Schwächen in Vorteile ummünzte. Beide überließen den Kampf ihrer »happy alliance of agile commanders-in-chiefs« und sahen ihre Aufgabe darin, viele Funken in eine Flamme zu überführen und damit lokalem, dezentralem Handeln Macht und Bedeutung zu verleihen.

Systemaufbruch: Eine Frage der Zeit

In seiner Trilogie *Dein Gesicht morgen* beschreibt der spanische Schriftsteller Javier Marías den Einfluss, den die Zukunft auf die Gegenwart hat:

> *»perhaps the future has more influence and imposes more obligations on us than the past, the unknown more than the already known, the as-yet-untried more than the tried and rejected, the still-to-come more than what has already happened, the possible more than what has already been.«*[132]

Marías zeigt, wie sich der geradlinige Pfeil der Zeit, der unaufhaltsam vom Jetzt in die Zukunft hetzt, umbiegt und nun von der Zukunft her auf die Gegenwart wirkt. In der Tat übt die Zukunft – das Noch-Nicht, das Unbekannte, das Unerprobte – mehr Einfluss auf uns aus als das Tatsächliche, das bereits Vergangene. Wir definieren uns weniger über Herkunft (sei es in Form von Klasse, Religion, Tradition, Nationalität etc.) als über das Potenzial, das wir in der Zukunft realisieren zu können hoffen. Wir leben und arbeiten als Musil'sche Möglichkeitsmenschen, die die Zukunft vor sich hertreibt – denn paradoxerweise ist es die Zukunft, die Angst vor dem Ungewissen, die Hoffnung auf Fortschritte, die Abwägung von Unsicherheiten und Risiken, die zur Motivation für Entscheidungen in der Gegenwart werden. Das Leben ist eine Ansammlung von Projekten, die Wirtschaft eine Investition in die Zukunft, Politik ein Versprechen auf ein besseres Morgen. Darum kann es sich kein Entscheider leisten, keine Strategie zu haben.

Die Frage, die diesem Buch zugrunde liegt, ist, wie wir Strategie in Zeiten radikaler Unsicherheit entwickeln können. Wir erleben in Wirtschaft (Disruption), Politik (militärische Intervention) und Gesellschaft (Pandemie), wie die lineare Verkettung von Ziel – Plan – Implementierung an der Realität zerbricht. Das Überraschende ist, dass Clausewitz schon vor 200 Jahren die Gründe dieses Scheiterns beschrieb und die Abgründe, in die es uns führt. Und doch halten wir bis heute an der Vorstellung des linearen Planens fest. Nach wie vor suchen wir (oft beraterinduziert) nach dem archimedischen Punkt, von dem aus sich Strategie und deren Implementierung logisch ableiten lassen. Und noch immer reagieren wir auf das Scheitern dieses Ansatzes mit einer nihilistisch anmutenden 180-Grad-Drehung, die alles in einen gordischen Knoten verwickelt sieht: statt Planung Emergenz, statt Ordnung Chaos, statt Intention Illusion.

Im Gegensatz dazu benötigt ein Systemaufbruch eine neue Art und Weise, über Zukunft nachzudenken. Wie so oft findet sich eine alternative Denkfigur in unserer Ideengeschichte bereits angelegt. Die Tür zur Zukunft geht nach innen auf. Wer hindurch will, muss zuerst einen Schritt zurück tun. Und damit sind wir wieder, immer noch, bei einer Strategie nach Clausewitz, die gemeinsame Orientierung (Nordstern) mit maximaler lokaler Autonomie (Taktik) miteinander verbindet (Brücke). Eine Strategie nach Clausewitz macht sich keine Illusionen in Bezug auf

Vorhersehbarkeit und Planbarkeit; sie lebt mit, lebt im Nebel der Ungewissheit und bietet statt Handlungsanweisung Orientierung im Denken und Haltung im Handeln. Eine Strategie nach Clausewitz bietet eine Denkfigur des Systemaufbruchs, die der Zukunft ihre Zukünftigkeit lässt und uns ein Repertoire für strategisches Handeln in der Gegenwart zur Verfügung stellt.

»So ist denn in der Strategie alles sehr einfach«, ermuntert uns Clausewitz und mahnt gleichzeitig, »aber darum nicht auch alles sehr leicht.«[133]

Anmerkungen

1 Richard P. Rumelt (2012). *Good strategy/bad strategy: The difference and why it matters*. Profile Books, London.
2 Richard Whittington (2000). *What is Strategy – and Does it Matter?* Cengage, London.
3 Siehe https://watson.brown.edu/costsofwar/figures/2021/human-and-budgetary-costs-date-us-war-afghanistan-2001-2022
4 Rory Stewart, Gerald Knaus (2011). *Can intervention work?* WW Norton & Company, New York. Siehe auch Rory Stewarts exzellenten Essay »The Last Days of Intervention. Afghanistan and the Delusions of Maximalism« in: *Foreign Affairs*, November/Dezember 2021.
5 Siehe https://www.forbes.com/sites/hanktucker/2021/08/16/the-war-in-afghanistan-cost-america-300-million-per-day-for-20-years-with-big-bills-yet-to-come/?sh=3c4c98a87f8d
6 Siehe Stewarts Essay https://www.foreignaffairs.com/articles/afghanistan/2021-10-08/last-days-intervention?utm_medium=promo_email&utm_source=pre_release&utm_campaign=rory_stewart_100821_prospects&utm_content=%7Bdate%28%E2%80%98YYYYMMdd%E2%80%99%29%7D&utm_term=promo-email-prospects
7 Siehe *Financial Times* vom 23.03.2021: »UK minister reveals test and trace spending on consultants«, https://www.ft.com/content/33eae8db-6034-4a40-8b34-618aaedbc6f4
8 https://committees.parliament.uk/work/906/covid19-test-track-and-trace-part-1/news/150988/unimaginable-cost-of-test-trace-failed-to-deliver-central-promise-of-averting-another-lockdown/
9 https://www.gov.uk/government/publications/covid-19-winter-plan
10 https://www.ft.com/content/1e390ac6-7e2c-11ea-8fdb-7ec06edeef84
11 Siehe zum Folgenden das spannende Buch von Jacquie McNish und Sean Silcoff (2015). *Losing the Signal. The Untold Story behind the Extraordinary Rise and Spectacular Fall of BlackBerry*. Flatiron Books, New York.
12 Siehe ebd., S. 49.
13 Siehe ebd., S. 74.
14 Siehe ebd., S. 75, 112, 118, 143.
15 Siehe ebd., S. 117.
16 Siehe ebd., S. 187.

17 Siehe ebd., S. 222.
18 Siehe ebd., S. 195.
19 https://www.rand.org/pubs/monographs/MG557.html
20 So wurden vielstöckige, dicht bewohnte Wohnsiedlungen als »vertikale Kreuzfahrtschiffe« beschrieben, in denen die Bewohner während der Lockdowns mit extrem hoher Inzidenz leben mussten; siehe https://www.theguardian.com/world/2020/jul/05/explosive-potential-victoria-sends-500-police-to-contain-coronavirus-in-public-housing-high-rises
21 Siehe Anne-Marie Slaughter (2017). *The Chessboard and the Web*. Yale University Press, London.
22 Brief an Johann Gottlieb Fichte, 11. Januar 1809.
23 Anders Engberg-Pedersen (2015). *Empire of Chance*. Harvard University Press, Cambridge, MA.
24 Hew Strachan (2007). *Clausewitz's on War. A biography*. Grove Atlantic, Inc., New York, S. 44.
25 Michael Walzer (1977/2015). *Just and unjust wars: A moral argument with historical illustrations*. Basic Books, New York.
26 Der Begriff der »Strategy Bridge« geht auf Clausewitz zurück und wurde von Colin Gray, Professor of International Relations and Security Studies, geprägt (siehe etwa sein 2010 erschienenes Buch mit dem gleichnamigen Titel).
27 Margaret MacMillan (2020). *War. How Conflict Shaped Us*. Penguin Books, London.
28 Ron Aron (1969). The evolution of modern strategic thought. *Adelphi Papers*, 9(54), S. 1–17.
29 Henry Mintzberg (2009). Debunking Management Myths. *MIT Sloan Management Review*, Herbst 2009. Siehe https://sloanreview.mit.edu/article/debunking-management-myths/. Das Zitat von Konosuke Matsushita findet sich ebenfalls in Mintzbergs Beitrag.
30 Siehe ausführlicher Martin Kornberger (2022). *Strategies for Distributed and Collective Action: Connecting the Dots*. Oxford University Press, Oxford.
31 Siehe hierzu Martin Kornberger, Eero Vaara (2021). Strategy as Engagement: What Organization Strategy Can Learn from Military Strategy. *Long Range Planning*. Sowie Jeffrey Hughes, Martin Kornberger, Brad MacKay, B. Phillips, P. O'Brien, Sneha Reddy (2021). Organizational strategy and its implications for strategic studies: A review essay. *Journal of Strategic Studies*, S. 1–24. https://doi.org/10.1080/01402390.2021.1994950

32 Carl von Clausewitz (1832). *Vom Kriege*. Drittes Buch, erstes Kapitel (S. 178 der Reclam Edition von 2005). Ich werde Clausewitz immer nach Buch und Kapitel zitieren, da dies das Nachlesen online (zum Beispiel auf https://www.clausewitz-gesellschaft.de/wp-content/uploads/2014/12/VomKriege-a4.pdf) erleichtert. Die Seitenzahl in Klammern bezieht sich auf die leicht zugängliche und weitverbreitete Reclam-Ausgabe von *Vom Kriege*.

33 Colin Gray (1999). *Modern Strategy*. Oxford University Press, Oxford, S. 26.

34 Mary Parker Follett (1927). *Dynamic administration*. Harper & Brothers Publishers, New York.

35 Georg Christoph Lichtenberg (1800). *Sudelbücher*, Aphorismus K308.

36 Vorrede zu *Vom Kriege*, S. 15.

37 Siehe zum Folgenden Anders Engberg-Pedersen (2015). *Empire of Chance*. Harvard University Press, Cambridge, MA. Sowie Martin Kornberger, Anders Engberg-Pedersen (2019). Reading Clausewitz, reimagining the practice of strategy. *Strategic Organization*, 19(2), S. 338–350.

38 Siehe Peter Paret, Gordon A. Craig, Felix Gilbert (1986). *Makers of modern strategy from Machiavelli to the Nuclear Age*. Princeton University Press, Princeton, NJ.

39 Erstes Buch, drittes Kapitel (S. 81).

40 Erstes Buch, erstes Kapitel (S. 21).

41 Ebd. (S. 65).

42 Erstes Buch, drittes Kapitel (S. 94).

43 Erstes Buch, erstes Kapitel (S. 23).

44 Edward N. Luttwak, (2001). *Strategy: the logic of war and peace*. Harvard University Press.

45 Keith Grint, (2007). *Leadership, management and command: Rethinking D-Day*. Palgrave Macmillan, Basingstoke, Hampshire, England, and New York, NY, S. 20.

46 Drittes Buch, zweites Kapitel (S. 185).

47 Zweites Buch, zweites Kapitel (S. 121).

48 Alfred Chandler (1962). *Strategy and Structure: Chapters in the history of industrial enterprise*. Doubleday, New York.

49 Barack Obama (2020). *A Promised Land*. Crown Publishers, New York.

50 Siehe https://www.brown.edu/news/2021-09-01/costsofwar

51 Robert Doughty (1985). *The Seeds of Disaster. The Development of French Army Doctrine, 1919–1939*. Archon Books, siehe S. 194.

52 Ebd., S. 191 (meine Übersetzung).

53 Marc Bloch (2002). *Die seltsame Niederlage: Frankreich 1940. Der Historiker als Zeuge*. S. Fischer, Frankfurt am Main.
54 Peter Drucker (1994). The Theory of the Business. *Harvard Business Review*, https://hbr.org/1994/09/the-theory-of-the-business
55 Erstes Buch, viertes Kapitel (S. 88).
56 Zweites Buch, erstes Kapitel (S. 103).
57 Achtes Buch, sechstes Kapitel (S. 338.)
58 Darin liegt Gaddis' Definition von Grand Strategy – »the alignment of potentially unlimited aspirations with necessarily limited capabilities«. John Gaddis (2019). *On grand strategy*. Penguin Books, London, S. 21.
59 Siehe Colin Gray (2010). *The strategy bridge: theory for practice*. Oxford University Press, Oxford.
60 Ebd., S. 29.
61 Zum Beispiel über Dieppe siehe ebd. sowie das feine Buch von Keith Grint, (2007). *Leadership, management and command: Rethinking D-Day*. Palgrave Macmillan, Basingstoke, Hampshire, England, and New York, NY.
62 Ebd., S. 81.
63 Colin Gray (1999) *Modern Strategy*. Oxford University Press, Oxford, S. 26 und Colin Gray (2015). *The Future of Strategy*. Polity, Cambridge u.a., S. 27.
64 Colin Gray, (2010) *The strategy bridge: theory for practice*. Oxford University Press, S. 171.
65 Liddell Hart, hier zitiert nach Beatrice Heuser (2010). *The Evolution of Strategy from Antiquity to the Present*. Polity, Cambridge u.a., S. 186.
66 Hew Strachan (2007). *Clausewitz's On War: A Biography*. Atlantic Monthly Press, London, S. 66.
67 Die folgende Darstellung basiert auf Reed Hastings, Erin Meyer (2020). *No rules rules: Netflix and the culture of reinvention*. Penguin Books, London.
68 Ebd., S. 219.
69 Ebd., S. 131.
70 Ebd., S. 209.
71 Ebd., S. 232 f.
72 https://www.latimes.com/local/obituaries/la-me-robert-mcnamara7-2009jul07-story.html
73 Robert McNamara (1995). *In retrospect: The tragedy and lessons of Vietnam*. Vintage Books, New York, S. 24.
74 Ebd., S. 22 f.
75 Ebd., S. 237 f.
76 Ebd., S. 48.

77 Ebd., S. XX.
78 Ebd., S. 32.
79 Zitiert in John A. Nagl (2002) *Learning to Eat Soup with a Knife. Counterinsurgency Lessons from Malaya and Vietnam*. Chicago University Press, Chicago, S. 198.
80 Jean-Pierre Dupuy (2000). Philosophical foundations of a new concept of equilibrium in the social sciences: Projected equilibrium. *Philosophical Studies: An International Journal for Philosophy in the Analytic Tradition* 100(3), S. 323–345. Das Zitat ist auf S. 329 zu finden. Die Übersetzung stammt von mir.
81 Siehe dazu Elena Esposito (2007). *Die Fiktion der wahrscheinlichen Realität*. Suhrkamp, Frankfurt am Main.
82 Blaise Pascal (1670). *Gedanken*. Das Zitat findet sich im siebten Artikel mit der vielsagenden Überschrift: »Elend des Menschen«.
83 Franz Kafka (2006). *Die Zürauer Aphorismen*. Hrsg. von Roberto Calasso. Suhrkamp, Frankfurt am Main.
84 Apsley Cherry-Garrard (1922/1989). *The Worst Journey in the World*. Carroll & Graf, New York.
85 Scotts Tagebuch kann digital in der British Library eingesehen werden: https://www.bl.uk/collection-items/captain-scotts--diary
86 Siehe dazu meine Arbeiten über Cassirers symbolische Formen.
87 Viktor Frankl (1972). *Der Mensch auf der Suche nach Sinn*. Klett, Stuttgart.
88 Die Metapher des Nordsterns findet sich übrigens bei John Stuart Mill, der in Bezug auf sozialistische Ideale schreibt: »We may never get to the North Star, but there is much use in turning our faces towards it if we are journeying northward.« Siehe sein *Fontana and Prati's Saint-Simonism in London*, CW XXIII (Toronto 1986), S. 678. Siehe auch H. McCabe (2019). Navigating by the North Star: The Role of the »Ideal« in John Stuart Mill's View of »Utopian« Schemes and the Possibilities of Social Transformation. *Utilitas* 31, S. 291–309. https://doi.org/10.1017/S0953820819000074
89 Siehe hierzu mein Arbeitspaper zum Thema *The Symbolic Foundation of Institutions*, das auf gemeinsamem Nachdenken und Schreiben mit Renate Meyer, Stephan Leixnering, Markus Höllerer und Dennis Jancsary beruht.
90 Joseph Campbell (1958). *The symbol without meaning*. Rhein-Verlag, Zürich.
91 Siehe Hayagreeva Rao, Sunasir Dutta (2018). Why great strategies spring from identity movements. *Strategy Science*, 3(1), S. 313–322.
92 Zu Obama siehe Jeffrey C. Alexander, Bernadette N. Jaworsky (2014). *Obama power*. John Wiley & Sons, Hoboken, NJ.

93 H. Rao, S. Dutta (2018). Why great strategies spring from identity movements. *Strategy Science*, 3(1), S. 313–322, hier S. 313.
94 Ebd., S. 316.
95 Der Werbeclip findet sich auf https://www.youtube.com/watch?v=VtvjbmoDx-I
96 John Kay (2011). *Obliquity: Why our goals are best achieved indirectly*. Profile Books, London.
97 J.S. Mill (1873/1989). *Autobiography*. Penguin Books, London, S. 146.
98 P. Erickson, J.L. Klein, L. Daston, R. Lemov, T. Sturm, M.D. Gordin (2013). *How reason almost lost its mind*. University of Chicago Press, Chicago.
99 Lawrence Freedman (2015). *Strategy: A history*. Oxford University Press, Oxford. Freedman definiert Strategie als »the art of creating power«.
100 Siehe T.E. Lawrence (1926/1997). *Seven pillars of wisdom*. Global Press.
101 Siehe ebd., S. 182.
102 Siehe ebd., S. 185 f.
103 Siehe ebd., S. 182.
104 Siehe ebd., S. 330.
105 Siehe ebd., S. 207.
106 Zitiert in Nagl (2002), S. 106.
107 Stanley McChrystal, T. Collins, D. Silverman, C. Fussell (2015). *Team of teams: New rules of engagement for a complex world*. Penguin Random House, New York.
108 Siehe ebd., S. 52, 284.
109 Siehe ebd., S. 250.
110 Ebd., S. 164.
111 Ebd., S. 103.
112 Drittes Buch, erstes Kapitel (S. 178).
113 Hew Strachan (2007) *Clausewitz's On War: A Biography*. Atlantic Monthly Press, London, S. 116.
114 Ebd., S. 107.
115 Helmuth von Moltke (1890–1912). *Militärische Werke*. E.S. Mittler, Berlin.
116 Walter Isaacson (2011). *Steve Jobs: Die autorisierte Biografie des Apple-Gründers*. C. Bertelsmann Verlag, München.
117 Immanuel Kant (1798). *Anthropologie in pragmatischer Hinsicht*. Reclams Universal-Bibliothek.
118 Siehe hierzu Martin Kornberger, S. Leixnering, R.E. Meyer (2019). The logic of tact: How decisions happen in situations of crisis. *Organization Studies*, 40(2), S. 239–266.

119 Siehe D.J. Russell (2012). »Our debt to lamb«: The romantic essay and the emergence of tact. *ELH*, 79, S. 179–209 und D. Heyd (1995). Tact: Sense, sensitivity, and virtue. *Inquiry*, 38(3), S. 217–231.

120 Siehe Ernst Cassirer (1919). *Heinrich von Kleist und die Kantische Philosophie.* Reuther & Reichard, Berlin.

121 Brief vom 22. März 1801 an Wilhelmine von Zenge. Siehe Heinrich von Kleist (1987–1997). *Sämtliche Werke und Briefe*, Band 4. Deutscher Klassiker Verlag, Frankfurt am Main, S. 205.

122 Der kurze, 1805 erschienene Text Kleists findet sich auf https://www.projekt-gutenberg.org/kleist/gedanken/gedanken.html Hervorhebungen von mir.

123 John Kay, Marvin King (2020). *Radical uncertainty. Decision-making beyond the numbers.* Bridge Street Press, London. Das Zitat stammt von S. 267.

124 Clausewitz, Zweites Kapitel: Über die Theorie des Krieges.

125 Siehe meisterlich John Lewis Gaddis (2019). *On grand strategy.* Penguin Books, London. Siehe ausführlich D. Kagan (2003). *The Peloponnesian War.* Penguin Books, London.

126 Liddell Hart (1967). *Strategy.* Faber and Faber, London. Siehe auch John Kays schönes Buch *Obliquity: Why our goals are best achieved indirectly*, Profile Books, London.

127 Siehe hierzu nochmals das schöne kleine Buch *Obliquity* von John Kay (2010) mit dem Untertitel: *Why Our Goals Are Best Achieved Indirectly.*

128 Siehe https://en.wikipedia.org/wiki/Oblique_Strategies

129 Edward N. Luttwak (2009). *The Grand Strategy of the Byzantine Empire.* Belknap Press of Harvard University Press, Cambridge, MA/London.

130 Darin liegt die Definition von Strategie des englischen Militärhistorikers Lawrence Freedman.

131 Malcolm Gladwell (2013). *David und Goliath: die Kunst, Übermächtige zu bezwingen.* Campus Verlag, Frankfurt am Main.

132 Javier Marías (2005). *Dein Gesicht morgen.* Klett-Cotta, Stuttgart, S. 142.

133 Drittes Buch, erstes Kapitel (S. 180).

Danke

Folgenden Wegbegleitern und Wegbereitern gilt mein herzlicher Dank: Anders Engberg-Pedersen, Astrid Irrgang, Chris Carter, Christian Frankel, Eero Vaara, Ignasi Marti, Jeremy Adelman, John Amis, Kristian Kreiner, Liliana Doganova, Markus Höllerer, Oliver Wichtl, Owen Kelly, Phillips O'Brien, Renate Meyer, Rory Stewart, Sascha Schuster, Stephan Jansen, Stephan Leixnering, Stewart Clegg, Tamara Bechter, Tobias Scheytt und Wolfgang Müller. Danke an meine Frau Jessica Ferguson für die Illustration der strategischen Brücke.

Dieses Buch wurde klimaneutral produziert.

Bibliografische Information der Deutschen Nationalbibliothek
Die Deutsche Nationalbibliothek verzeichnet diese Publikation in der Deutschen Nationalbibliografie; detaillierte bibliografische Daten sind im Internet über http://dnb.de abrufbar.

Lektorat: Evelin Schultheiß, Kirchwalsede
Druck und Bindung: CPI books GmbH, Leck
Printed in Germany

ISBN 978-3-86774-725-7

Besuchen Sie uns im Internet: www.murmann-verlag.de
Ihre Meinung zu diesem Buch interessiert uns!
Zuschriften bitte an info@murmann-publishers.de
Den Newsletter des Murmann Verlages können Sie anfordern unter
newsletter@murmann-publishers.de